WAS IST MATERIE?

ZWEI AUFSÄTZE ZUR NATURPHILOSOPHIE

VON

HERMANN WEYL

MIT 7 ABBILDUNGEN

BERLIN

VERLAG VON JULIUS SPRINGER

1924

ISBN-13: 978-3-642-98140-1   e-ISBN-13: 978-3-642-98951-3
DOI: 10.1007/978-3-642-98951-3

Vorwort.

Diese Sonderausgabe zweier von mir zuerst in den *Naturwissenschaften* (12. Jahrgang, 1924) veröffentlichten Aufsätze verdankt ihre Entstehung einer Anregung von Herrn Dr. BERLINER, des verdienten Herausgebers jener den Kontakt zwischen allen Naturwissenschaften aufrechterhaltenden Zeitschrift. Sie sind hier durch einige Zusätze im Text und angefügte Erläuterungen ergänzt worden. Ursprünglich hervorgegangen aus meiner Beschäftigung mit der Relativitätstheorie, wenden sie sich an einen breiteren Kreis als die systematische Darstellung in dem Buche „Raum Zeit Materie" (5. Aufl., Berlin: Julius Springer 1923): sie sollen *Botendienste* tun von der Physik zu den übrigen Naturwissenschaften, vor allem aber von der Physik zur Philosophie. Es liegt ihnen die Tendenz zugrunde, *die physikalische Erkenntnis philosophisch ernst zu nehmen,* wie es DESCARTES oder KANT getan haben. Zwar mögen bei der großen methodischen Geschlossenheit der gegenwärtigen Physik die hier erörterten Fragen für sie selber nur von sekundärem Belang sein; sie wirken weniger in die Physik hinein als aus der Physik heraus auf das *Bild des Kosmos,* das in unser gesamtes geistiges Leben eingeht. — Ein Bedenken kann ich nicht verschweigen: es ist vielleicht gerade heute besonders *verfrüht,* über das Wesen der Materie zu reden, wo die Quantentheorie, von welcher wir entscheidende Aufklärung erhoffen, zwar die physikalische Forschungsarbeit beherrscht, aber ihr Geheimnis noch immer in fest verschlossener Schale hält. So mache man sich auf weitere Wandlungen gefaßt!

Braunwald, August 1924.

H. WEYL.

Inhaltsverzeichnis.

Die eingeklammerten fetten Ziffern im Text verweisen auf die am Schlusse hinzugefügten **Erläuterungen und Zusätze**.

Was ist Materie?

Nach den überaus glänzenden Ergebnissen, welche die experimentierende Physik in enger Verbindung mit der Theorie in den letzten Dezennien gewonnen hat, kann an der atomistischen Konstitution der Naturkörper kein Zweifel mehr walten. Aber nicht vom Aufbau der Körper aus unteilbaren Elementarquanten, Elektronen und Atomkernen, soll hier in erster Linie die Rede sein, sondern unsere Frage zielt tiefer: was ist die „Materie", aus denen diese letzten Einheiten selber bestehen? Seit altersher hat die *Philosophie* darauf eine Antwort zu geben versucht. Der empirisch-naturwissenschaftlichen Forschung liegt bewußt oder unbewußt eine bestimmte Vorstellung über das Wesen der Materie a priori zugrunde, und das Tatsachenwissen muß schon gewaltig in die Breite und Tiefe gewachsen sein, ehe es die Kraft gewinnt, von sich aus modifizierend auf diese Vorstellungen einzuwirken. Die historische Situation bringt es also mit sich, daß wir die Formulierungen der Philosophen nicht außer acht lassen dürfen; ist es doch unmöglich, in der älteren Zeit Philosophie und Physik überhaupt voneinander zu trennen, während in späteren Epochen die Empiriker selten bemüht waren, die Grundanschauungen schärfer zu fassen, von denen aus sie ihre durch das Experiment zu beantwortenden Fragen an die Natur stellten. Doch soll versucht werden, von dem heute in Mathematik und Physik gewonnenen Standpunkte aus die alten philosophischen Lehren präziser auszudeuten. Im übrigen kommt es uns mehr auf die Sache als auf ihre Geschichte an; um so berechtigter erscheint mir da eine solche nicht objektive, sondern von dem historischen Augenpunkt der Gegenwart retrospektive Geschichtsbetrachtung.

I. Die Substanztheorie.

Was ist Materie? KANT antwortet darauf (Kritik der reinen Vernunft, 1. Auflage) mit der „ersten Analogie der Erfahrung", dem „Grundsatz der Beharrlichkeit": *„Alle Erscheinungen ent-halten das Beharrliche (Substanz) als den Gegenstand selbst und das Wandelbare als dessen Bestimmung, das ist eine Art, wie der Gegenstand existiert."* Es ist offenbar die ontologische Kategorie der *Substanz*, das in der logischen Sphäre sich als die Gegenüber-stellung von Subjekt und Prädikat wiederspiegelnde Verhältnis von Substanz und Akzidenz, welches hier in die Erscheinungs-wirklichkeit hineingetragen wird. Aus den Erläuterungen geht klar hervor, daß KANT die physikalische Materie als die beharrende Substanz anspricht und nicht etwa wie bei ARISTOTELES und SPINOZA ein metaphysisches Prinzip jenseits der erfahrbaren Außenwelt in Frage steht, das über den Unterschied von geistig und körperlich-ausgedehnt erhaben ist (1). So heißt es: „Ein Philosoph wurde gefragt: ,Wieviel wiegt der Rauch?' Er ant-wortete: ,Ziehe von dem Gewichte des verbrannten Holzes das Gewicht der übrigbleibenden Asche ab, so hast du das Gewicht des Rauches.' Er setzte also als unwidersprechlich voraus: daß selbst im Feuer die Materie (Substanz) nicht vergehe, sondern nur die Form derselben eine Abänderung erleide." Die Substanz tritt hier gleich dem „steinernen Gast", vom Jenseits gesandt, körperlich-leibhaftig unter die heitere, im Schmuck der Qualitäten prangende Tafelrunde der Wirklichkeit. Der innere Grund für die Notwendig-keit der Substanz liegt für KANT darin, daß die selbst nicht wahr-nehmbare bleibende Zeit, in der aller Wechsel der Erscheinungen gedacht werden soll, in den Gegenständen der Wahrnehmung repräsentiert sein muß durch etwas, das im Laufe der Zeit mit sich selber identisch bleibt: „den stetig fortbestehenden Körper", wie LOCKE[1]) sagt, „der in jedem Zeitpunkt des Daseins derselbe mit sich selbst ist." Daran hängt der Begriff der *Bewegung*. Denn dies ist in der Tat der wesentliche Zug des Substanzbegriffes: es soll einen objektiven Sinn haben, von derselben Substanzstelle zu verschiedenen Zeiten zu sprechen; oder anders ausgedrückt, *es soll prinzipiell möglich sein, dieselbe Substanzstelle im Laufe der Ge-schichte eines Körpersystems immer wiederzuerkennen.* Zur natur-wissenschaftlichen Definition des Substanzbegriffes gehört also die Angabe von exakten Methoden, durch welche in praxi Sub-stanzstellen im Fluß der Bewegung festgehalten werden können.

---

[1]) Essay concerning human understanding, 2. Buch, Kap. 27, § 3.

Solange nur feste Körper in Frage kommen, die durch mechanische Mittel in Stücke getrennt oder aus Stücken zusammengeleimt werden, bietet das keine ernstliche Schwierigkeit; bei strömendem Wasser muß man schon zu indirekten Mitteln, einem hineingeworfenen Strohhalm etwa, seine Zuflucht nehmen; bei chemischen Umsetzungen endlich handelt es sich nur noch um eine durch Wahrnehmungen nicht zu kontrollierende Hypothese.

Um den zeitlichen Ablauf graphisch darstellen zu können, betrachten wir lediglich die Vorgänge in einer (horizontalen) Ebene E und zeichnen eine zu E senkrechte Zeitachse t. Jedes „Hier-jetzt", jeder Raumzeitpunkt wird in diesem Bilde dargestellt durch einen Punkt, dessen t-Ordinate den *Zeitmoment*, dessen senkrechte Projektion auf die Grundebene E den *Ort* auf E kennzeichnet. Die Geschichte einer Substanzstelle findet ihren Ausdruck durch ihren „graphischen Fahrplan", eine in Richtung der t-Achse monoton ansteigende Weltlinie; auf ihr liegen die Raumzeitpunkte, welche von der Substanzstelle nacheinander passiert werden. Die Horizontalebene $t =$ const. $= t_0$ repräsentiert den Zustand der Ebene E zur Zeit t_0. Auf jedem solchen Horizontalschnitt kann ich den Ort des Substanzpunktes zu der betreffenden Zeit ablesen, wenn dessen Weltlinie in die Abbildung eingetragen ist. Ist E kontinuierlich und lückenlos mit Substanz bedeckt, so erscheint also das von unserem Bildraum wiedergegebene dreidimensionale Raum-Zeitkontinuum aufgelöst in eine stetige Mannigfaltigkeit von ∞^2 Weltlinien. In der Wirklichkeit erhöhen sich die Dimensionszahlen um 1: jedes Element der dreidimensional ausgedehnten Substanz beschreibt eine Weltlinie in dem vierdimensionalen Raum-Zeitkontinuum. Das ist die Ausdrucksweise, welche sich durch die Relativitätstheorie in ihrer von MINKOWSKI herrührenden „weltgeometrischen" Fassung eingebürgert hat; so heißt es bei MINKOWSKI[1]) in seinem Vortrag „Raum und Zeit": „Die ganze Welt erscheint aufgelöst in solche Weltlinien, und ich möchte sogleich vorwegnehmen, daß meiner Meinung nach die physikalischen Gesetze ihren vollkommensten Ausdruck als Wechselbeziehungen unter diesen Weltlinien finden dürften." Das ist in klaren Worten das Programm einer von der Substanzvorstellung beherrschten Physik. Wo immer in der Physik ein substantielles

---

[1]) Werke, Bd. 2, S. 432.

Medium hypothetisch als „Träger" gewisser Erscheinungen eingeführt wurde, z. B. der Äther der mechanischen Lichttheorie, war dies das Wesentliche; es wurde dadurch die Möglichkeit objektiver Unterscheidung zwischen *Ruhe* und *Bewegung* eines Körpers relativ zu jenem Medium gewonnen. Und nur in dieser substantiellen Fassung wurde, beiläufig gesagt, die Hypothese des Lichtäthers durch die spezielle Relativitätstheorie bzw. durch die ihr zugrundeliegenden Erfahrungstatsachen widerlegt.

KANT nimmt an der zitierten Stelle aber die Unveränderlichkeit der Materie nicht nur in dem eben erörterten Sinne an, daß die Substanzstellen etwas sind, was im Laufe des Weltprozesses „durchhält", sondern er setzt weiter voraus, daß ein beliebiges Stück der dreidimensionalen Substanz als ein *Quantum* sich messen lasse. Besonders deutlich zeigt sich das in der Formulierung, welche der Grundsatz der Beharrlichkeit in der 2. Auflage der Kritik erhält: „Bei allem Wechsel der Erscheinungen beharrt die Substanz, und das Quantum derselben wird in der Natur weder vermehrt noch vermindert." Endlich wird laut dem angeführten Beispiel das *Gewicht* zur Menge proportional gesetzt, ohne daß das Prinzip, nach welchem Materie gemessen werden soll, gekennzeichnet wäre. In dieser Form hat LAVOISIER bekanntlich den Grundsatz von der Unzerstörbarkeit des Stoffes in die Chemie eingeführt; und nach einer oben gemachten Bemerkung ist ja im Falle der chemischen Umsetzung in der Tat die Erhaltung der einzelnen Substanzstelle nicht mehr kontrollierbar, sondern lediglich die Erhaltung der Gesamtmasse (ihres Gewichts). Es ist darum wohl ganz im Sinne KANTS, wenn HOLLEMANN in seinem bekannten „Lehrbuch der anorganischen Chemie" (ich zitiere die 2. Auflage der deutschen Ausgabe 1903, welche ich als Student benutzte; die neueren kenne ich nicht mehr), nachdem er das Prinzip an einigen Beispielen der Gewichtsanalyse illustriert hat, hinzufügt: „Die Überzeugung von der Unmöglichkeit des Entstehens und Vergehens der Materie war bereits bei den griechischen Philosophen fest eingewurzelt; sie ist durch alle Zeiten die Basis philosophischen Denkens gewesen . . . Die Erkenntnistheorie lehrt, daß die Unvergänglichkeit des Stoffes eine von unserem Denken gebildete Voraussetzung ist; nichts ist unrichtiger als zu meinen, das Prinzip sei aus experimentellen Versuchen hergeleitet worden." Mit dem Begriff des Substanzquantums steht KANT offenbar unter dem Einfluß der Galilei-Newtonschen Mechanik, welche die Masse freilich nicht als Maß für eine Menge Materie, sondern als einen dynamischen Koeffizienten verwendet. Aus anderen Stellen ist ersichtlich, daß für KANT die Dichte eine stetiger Abstufungen fähige intensive Größe ist — Intensität der Raumerfüllung durch das Widerspiel anziehender und abstoßender Kräfte.

In den älteren Formen der Substanztheorie wird konsequenter als Maß der Materie das *Volumen* des von ihr eingenommenen Raumes angesetzt; den Unterschied in der Dichtigkeit der verschiedenen Körper erklärt sie durch das von Körper zu Körper wechselnde Verhältnis zwischen erfülltem und leerem Raum. Denn es ist eine von Anfang an mit der Idee der Substanz verknüpfte Vorstellung, daß sie *eine* sei, keine inneren qualitativen Unterschiede zulasse; daß überhaupt alle Qualitäten nur subjektiven Charakter besitzen und allein aus der Form und Bewegung der Substanzquanten und ihrer Wirkung auf unsere Sinne zu erklären sind. So heißt es schon bei DEMOKRIT, der zuerst den Begriff des Stoffes als die Grundlage der Naturerkenntnis aufstellte: „Nur in der Meinung besteht das Süße, in der Meinung das Bittere, in der Meinung das Kalte, das Warme, die Farbe." Und bei GALILEI findet man Äußerungen[1]), die besagen: Weiß oder rot, bitter oder süß, tönend oder stumm, wohl- oder übelriechend sind Namen für Wirkungen auf die Sinnesorgane ... Die Verschiedenheit, welche ein Körper in seiner Erscheinung darbietet, beruht auf bloßer Umlagerung der Teile ohne irgendwelche Neuentstehung oder Vernichtung ... Die Materie ist unveränderlich und immer dieselbe, da sie eine ewige und notwendige Art des Seins vorstellt. — In großartiger Abstraktion vom Sinnenscheine setzt DEMOKRIT als die einzige Unterscheidung, aus welcher alle Mannigfaltigkeit entspringt, den absoluten Gegensatz des „Leeren" und des „Vollen" — das $\mu\dot\eta$ $\ddot\sigma\nu$ des leeren Raumes gegenüber dem $\pi\alpha\mu\pi\lambda\tilde\eta\varrho\varepsilon\varsigma$ $\ddot\sigma\nu$ der Materie. Dieser Unterschied läßt sich nicht mehr qualitativ charakterisieren, er muß einfach als das letzte Erklärungsprinzip der Erscheinungen hingenommen werden. Hier noch fragen, was das Volle sei, und sich, weil keine Antwort erfolgt, etwa darüber beklagen, daß wir das Innere der Dinge gar nicht einsähen, ist, mit KANT zu reden, eine bloße Grille; es ist

---

[1]) Im „Saggiatore", z. B. Op. II, S. 340.

eine absurde Forderung, daß in einer „intellektuellen Anschauung" gegeben werde, was doch als das nichtanschauliche Fundament der angeschauten Erscheinungswelt gesetzt wurde.

Offenbar muß die Materie atomistisch konstituiert, der Raum
kann nicht lückenlos erfüllt sein, wenn die verschiedene Dichte
der Körper auf die angegebene Weise erklärt werden soll. Das
ist *ein* Motiv, warum der Substanzbegriff von jeher zur *Atomistik*
geführt hat; andere Gründe sollen später im Zusammenhange
mit dem Kontinuumproblem gestreift werden[1]). Ganz zwingend
kommt man zum Atombegriff, wenn man sich die Frage stellt,
wie die Wiedererkennung desselben Substanzpunktes zu verschiedenen Zeiten in einer homogenen qualitätslosen Substanz überhaupt möglich ist. Erfüllt die Materie den Raum kontinuierlich,
so ist das in der Tat ebensogut unmöglich, wie es nach dem Grund-
gedanken der Relativitätstheorie unmöglich ist, im homogenen
Medium des Raumes denselben Raumpunkt festzuhalten. Besteht die Materie aber aus einzelnen Atomen, und setzen wir weiter
voraus, daß die Atome sich *stetig* bewegen und sich niemals gegenseitig durchdringen, so können wir ein Atom durch den Bewegungs-
prozeß der Materie hindurch verfolgen, selbst wenn die Atome alle
untereinander gleichartig sind, insbesondere alle dieselbe Gestalt
besitzen. Denn fassen wir in einem Augenblick t ein Atom A
ins Auge, so gibt es in einem hinreichend wenig späteren Augenblick $t + \Delta t$ ein einziges Atom A', welches ein Raumgebiet g'
einnimmt, das um weniger als ein beliebig vorgegebenes Maß
abweicht von demjenigen Raumgebiet g, welches das Atom A
zur Zeit t besetzt hielt: dieses A' zur Zeit $t + \Delta t$ ist *dasselbe*
Atom wie A zur Zeit t. Es mag auf den ersten Blick so scheinen,
als drehten wir uns in einem logischen Zirkel, da hier die Wiedererkennung des Atoms A zur Zeit $t + \Delta t$ darauf gegründet wird,
daß wir das Raumgebiet g in die Zeit $t + \Delta t$ verpflanzen und mit
dem vom Atom in diesem späteren Moment eingenommenen Raumstück g' vergleichen; es ist aber klar, daß es hier nicht erforderlich
ist, Raumpunkte und Raumstücke während der Zeit Δt identisch

---

[1]) In des LUCRETIUS Lehrgedicht *de rerum natura* tritt ein Argument für
die Atomistik auf, das an den in neueren kosmologischen Betrachtungen
eine große Rolle spielenden „Verödungseinwand" EINSTEINS gegen den
unendlichen Raum anklingt: Alles löst sich leichter auf, als es sich bildet;
darum müßte ohne Atome die Materie längst zerfallen sein.

festhalten zu können, sondern daß es nur auf den stetigen Zusammenhang der Raumzeitpunkte ankommt; dieser freilich ist unerläßliche Voraussetzung. Man übersieht das am besten im vierdimensionalen Raum - Zeit - Bild; das Weltgebiet, das ein Atom überstreicht, erscheint hier als substanzführende „Röhre" von eindimensional unendlicher Erstreckung (2). Das Verfahren bleibt brauchbar, wenn sich die Atome während ihrer stetigen Bewegung stetig deformieren; nur darf die Ausdehnung eines Atoms niemals unter jede Grenze herabsinken. Hingegen muß postuliert werden, daß auch in der Berührung zwei Atome nicht zu einem einzigen Kontinuum miteinander verschmelzen[1]); sonst wäre z. B. für zwei Atome von der Gestalt gleich großer Halbkugeln, die sich mit ihren ebenen Begrenzungen aneinander legen und nach einiger Zeit wieder trennen, die Identität nach der Trennung unmöglich festzustellen. Das einzelne Atom aber ist *unteilbar*; d. h. das Raumgebiet, welches es einnimmt, ist ein einziges zusammenhängendes Kontinuum. Zu beachten ist ferner, daß die Identität im Laufe der Zeit wohl für die einzelnen Atome gewährleistet ist, nicht aber für die einzelnen Stellen innerhalb eines Atoms, obschon es räumlich ausgedehnt ist. Insbesondere ist es für ein kugelförmiges Atom unsinnig zu fragen, ob es eine rein translatorische Bewegung ausführt, oder ob mit der Translation eine Drehung um seinen Mittelpunkt verbunden sei. — Unser Prinzip gründet die Unverwechselbarkeit der Atome bloß darauf, daß sie getrennte *Individuen* sind, nicht aber auf Unterschiede der Qualitäten. Für die Ausbildung des Stoffbegriffes ist gewiß auf der einen Seite die logisch-metaphysische Kategorie

---

[1]) Es ist das ein gelegentlicher Einwand des ARISTOTELES, welcher fragt, warum zwei Atome in der Berührung nicht miteinander verschmelzen wie zwei Wassermassen, die zusammentreffen. Die heutige punktmengen-theoretische Analyse wird diesem Unterschied zwischen zwei sich berührenden Kontinuen und dem kleinsten, sie beide umfassenden Kontinuum kaum gerecht; es sind aber von BROUWER und dem Verf. die Grundlagen einer mit dem anschaulichen Wesen des Kontinuums in besserem Einklang stehenden Analysis entworfen worden, in welcher der alte Grundsatz zu seinem Rechte kommt, daß „sich trennen läßt, was schon getrennt ist" (GASSENDI). In physikalischer Hinsicht ist es auch für uns heute noch ein Problem, wie es kommt, daß Elektron und Proton, das Atom der negativen und der positiven Elektrizität nicht, der elektrischen Anziehung folgend, zusammenstürzen zu einem neutralen Elementarkörper. Die Antwort darauf erwarten wir von der Dynamik; vgl. Abschn. III und IV.

der Substanz (des Subjektes, von welchem die Aussagen über die Erscheinungswelt handeln) maßgebend gewesen, auf der anderen Seite die der Erfahrung sich aufdrängende Existenz zahlreicher in ihren Eigenschaften beständiger Körper, auf welche sich das Handeln des Menschen vor allem stützt. Aber hier scheint mir durchzublicken, daß der letzte Grund, vielleicht auch für den ontologischen Substanzbegriff selber, in der inneren Gewißheit des mit sich selbst identischen individuellen Ich liegt, nach dessen Analogie die Welt gedeutet wird[1]).

In DEMOKRITS παμπλῆϱες ὄν liegt schon die *Undurchdringlichkeit* der Atome ausgesprochen, die Tatsache, daß die Raumgebiete, welche von zwei Atomen eingenommen werden, sich niemals überdecken. Darüber hinaus wird ihnen auch, wennschon die Individuation nach einer obigen Bemerkung die Deformierbarkeit nicht ausschlösse, im Namen der Unveränderlichkeit der Substanz eine unveränderliche Gestalt, *Starrheit*, zugeschrieben: das Raumgebiet, welches ein Atom einnimmt, soll im Laufe der Zeit beständig zu sich selbst kongruent bleiben (diese Voraussetzung schließt natürlich die Unteilbarkeit ein). Dadurch gewinnt die an sich rein ideelle geometrische Beziehung der Kongruenz von Raumstücken reale Bedeutung. In den Eigenschaften der Ausdehnung und Undurchdringlichkeit bewährt die Materie ihre Realität, darin, daß sie aus mit sich selbst identisch bleibenden starren Individuen besteht, ihre Substantialität. *Solidität*, unter welchem Namen Undurchdringlichkeit und Starrheit zusammengefaßt werden, ist namentlich von GASSENDI, dem Erneuerer der Atomistik innerhalb der abendländischen Kultur, und LOCKE scharf als das Grundwesen der Materie hingestellt worden; im Gegensatz zu DESCARTES, in dessen Korpuskulartheorie die Elementarkörper sich gegenseitig deformieren, abschleifen und zerreiben. Dabei darf die Solidität nicht sinnlich als Härte oder dynamisch als eine auf gegenseitigen Kräften der Substanzstellen beruhende Festigkeit gegen Zerbrechen und als Widerstand umgedeutet werden. Sondern sie ist abstrakt-geometrisch zu fassen, wie es hier geschah; die elastische Festigkeit der sichtbaren Körper hat diese absolute Eigenschaft der Atome zur Voraussetzung. Das ist der Standpunkt, den HUYGHENS, der geometrisch-kinematisch und in

---

[1]) Vgl. dazu LOCKE, a. a. O., das ganze 27. Kapitel des 2. Buches über Identität und Verschiedenheit.

Prinzipien denkende Mechaniker, in seinem Briefwechsel mit dem anschaulich-dynamisch denkenden Metaphysiker LEIBNIZ vertritt[1]). HUYGHENS spricht zwar selbst von einem Widerstand gegen das Brechen oder Zusammendrücken. Aber man darf die um des lebendigeren Ausdrucks willen gewählten Termini nicht mißverstehen; denn „man muß", sagt er, „diesen Widerstand als unendlich voraussetzen, weil es absurd erscheint, einen gewissen Grad desselben anzunehmen, etwa gleich dem des Diamanten oder des Eisens; denn dazu könnte keine Ursache in einer Materie liegen, von der man ja nichts als die Ausdehnung voraussetzt... Die Hypothese der unendlichen Festigkeit scheint mir daher sehr notwendig, und ich begreife nicht, warum Sie dieselbe so befremdend finden, als ob sie ein beständiges Wunder einführe".

Mit der Solidität endet für die Substanztheorie die Aufstellung der Grundeigenschaften der Materie. Es ist jetzt weiter von der *Gestalt und Lage der Atome* zu handeln und endlich von den *Gesetzen, nach denen sich die Materie bewegt.* Hinsichtlich des ersten Punktes ist die Substanztheorie vor ihrer Verschmelzung mit dynamischen Vorstellungen eigentlich niemals aus dem Stadium ungeprüfter Phantasien herausgetreten. Die ältere Atomistik hält sich da alle Möglichkeiten offen; denn aus der geometrischen Verschiedenheit von Gestalt und Lagerung sucht sie die bunte Mannigfaltigkeit der sinnlichen Erscheinungen zu erklären. Insbesondere sind hakenförmige Ansätze und dergleichen beliebt, mittels deren sich die Atome verklammern sollen, wenn sie den nur mit Gewalt zu lösenden Verband eines festen Körpers bilden. Erst später, wo sich der Blick vom Geometrischen weg auf die Bewegung der Atome und deren Gesetzmäßigkeit zu richten beginnt, kann der Akzent stärker auf die Verschiedenheit der *Bewegungszustände* fallen. Natürlich wird man a priori der *Kugelgestalt* ob ihrer allseitigen Symmetrie den Vorzug geben und jedenfalls bei einer exakten Untersuchung zunächst einmal feststellen müssen, wie weit man mit dieser Annahme in der Erklärung der Erscheinungen kommt. Die Symmetrie der Kugel spricht sich mathematisch darin aus, daß es eine umfassende Gruppe von kongruenten Abbildungen (Bewegungen) gibt, welche die Kugel in sich überführen, nämlich die ∞^3 Drehungen um den Mittel-

---

[1]) LEIBNIZ: Mathematische Schriften, ed. Gerhardt II, S. 139. — Im gleichen Sinne: LOCKE, a. a. O., 2. Buch, Kap. 4, namentlich § 4.

punkt. Die ideale Lösung wäre eine solche Gestalt g des Atoms, daß gegenüber den g in sich selbst überführenden kongruenten Abbildungen alle Punkte des Atoms gleichberechtigt wären; d. h. es sollte möglich sein, durch derartige Abbildungen jeden Punkt von g in jeden anderen überzuführen. Dann stünde der Möglichkeit, ein Atom als Ganzes während seiner Bewegung zu verfolgen, die Unmöglichkeit gegenüber, dabei noch Teile des Atoms als mit sich selbst identisch bleibend festzuhalten. Ein endliches Raumstück von der geforderten Beschaffenheit existiert aber nicht; die Kugel nähert sich dem Ideal wenigstens, soweit es möglich ist. Jede Bewegung des kugelförmigen Atoms kann als eine bloße Translation aufgefaßt, sie kann durch die Bewegung ihres Mittelpunktes vollständig gekennzeichnet werden.

Die Lagerung der Atome hat man sich in der älteren Zeit immer als viel zu kompakt vorgestellt; selbst die Ätheratome liegen bei HUYGHENS so dicht, daß sie sich gegenseitig berühren. Der Ausdruck „Poren" für den zwischen ihnen leerbleibenden Raum ist bezeichnend. GASSENDI verwendet das Bild des Sand- oder Weizenhaufens. Er glaubte, daß beim Lösen des Steinsalzes in Wasser durch die Salzatome die Poren zwischen den Wasseratomen ausgefüllt werden, und war dann höchst überrascht, daß eine gesättigte Steinsalzlösung noch Alaun zu lösen imstande war. Da ARISTOTELES im Gegensatz zu den griechischen Atomistikern die Möglichkeit des leeren Raumes bestritten hatte und seine Ansicht in der Scholastik zum philosophischen Dogma geworden war, kann es nicht wundernehmen, daß die ersten abendländischen Denker, welche den Gedanken des Atoms wieder aufgreifen, ohne die Annahme eines Vakuums auszukommen bestrebt sind[1]). In GALILEIS Versuch wird der Begriff des Infinitesimalen auf die räumliche Ausdehnung angewandt: unendlich kleine Atome erfüllen den Raum „überall dicht", so daß kein Raumgebiet angegeben werden kann, welches von ihnen frei wäre; es besteht die Möglichkeit von Verdünnung und Verdichtung, ohne daß irgendwo ein Loch entsteht. GALILEI beruft sich zur Veranschaulichung auf

---

[1]) Die Atomistik war als die Philosophie des „gottlosen" EPIKUR im Mittelalter — ebenso schon bei den Kirchenvätern — sittlich-religiös im höchsten Maße anrüchig. Noch 1624 wurde sie in Paris, als sie in dem Kreis um GASSENDI schon lebhaft diskutiert wurde, durch Parlamentsbeschluß bei Todesstrafe verboten.

die „rota Aristotelis": Wird ein Rad auf einer horizontalen Geraden abgerollt, so erscheint jeder der konzentrischen kleineren Kreise zu einer gleichlangen horizontalen Geraden h ausgestreckt; ersetzt man aber das Kreisrad durch ein reguläres Polygon von vielen Seiten, so bilden die Strecken auf h, in welche sukzessive die Seiten eines konzentrischen Polygons hineinfallen, eine unterbrochene Linie. In einer strengen Fassung dieses Gedan-

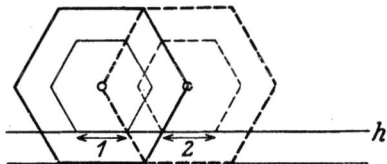

Abb. 1.   Rota Aristotelis.

kens müßte man wohl die unendlich kleinen Atome ersetzen durch eine Menge von lauter endlich ausgedehnten Atomen, in welcher aber solche vorkommen, deren Ausdehnung unterhalb einer beliebig vorgegebenen Grenze liegt. Man kann z. B. einen Würfel mit einer unendlichen, durch einen bestimmten Konstruktionsprozeß erzeugten Reihe von Kugeln K_1, K_2, K_3 ... so erfüllen, daß die Kugeln sich nirgendwo überdecken und im Kubus kein noch so kleines kugelförmiges Gebiet k angegeben werden kann, in welches dieselben nicht eindringen. Es ist dem mengentheoretisch geschulten Mathematiker ein Leichtes, die Kugeln der Serie K_1, K_2, K_3 ... zu einer der gleichen Bedingung genügenden Erfüllung des ganzen Raumes auseinanderzustreuen (unendliche Verdünnung) (3). Angedeutet ist eine solche Fassung bei HUYGHENS. DESCARTES ringt mit der Vorstellung, daß die einzelnen Teilchen der Materie, die auch bei ihm keine leeren Räume zwischen sich lassen sollen, in der Bewegung sich teilen müssen ins Unendliche „oder wenigstens ins Unbestimmte (in indefinitum), und zwar in so viele Teile, daß man sich in Gedanken keinen so kleinen vorstellen kann, von welchem man nicht einsähe, daß er tatsächlich noch in viel kleinere geteilt ist". Er wird nicht recht fertig damit und beruft sich schließlich auf die Unbegreiflichkeit der Allmacht Gottes[1]). Diese Betrachtungen sind wichtig für die Mathematik als die Anfänge der Infinitesimalrechnung: hier müht sich der Begriff, den Übergang vom Diskreten zum Kontinuierlichen zu finden; physikalisch schlagen sie die Brücke von der Atomistik zu der im III. Teile zu besprechenden Fluidums- und Feldtheorie

---

1) Principia philosophiae, Teil II, § 34.

der Materie. LEIBNIZ stellt sich vor, daß es „Welten in Welten ins Unendliche" gibt. Eine solche Hierarchie der Systeme, wie sie CHARLIER[1]) „nach oben" konstruiert, um den astronomischen Paradoxien des unendlichen Raumes zu entgehen, wird hier auch „nach unten", nach der Seite des Unendlichkleinen hin gefordert. Etwas Ähnliches scheint (nach dem Zeugnis des ARISTOTELES) schon ANAXAGORAS gelehrt zu haben, der, soviel wir wissen, als erster das Infinitesimalprinzip ausgesprochen hat. Es ist sehr instruktiv, damit die Ausführungen von PERRIN im Vorwort seines bekannten Buches über die Atome[2]) zu vergleichen, wo er an der Küstenlinie der Bretagne oder an kolloidalen Flocken schildert, wie dasjenige, was bei *einem* Maßstab der Betrachtung als homogen erscheint, bei verfeinertem Maßstab sich immer wieder in ganz ungleichmäßig orientierte und beschaffene Teile auflöst; „wir haben durchaus keinen Anhalt dafür, daß wir beim weiteren Vordringen endlich auf Homogeneität oder wenigstens auf Materie stoßen würden, deren Eigenschaften regelmäßig von einem Punkte zum anderen variieren".

Eine mechanisch-atomistische Erklärung der Erscheinungen, durch welche alle Vorgänge auf Bewegung der Substanzteilchen zurückgeführt werden sollen, ist erst möglich, wenn die *Bewegungsgesetze* der Atome bekannt sind. Es muß erstens festgestellt werden, *wie sich ein Atom frei bewegt*, wenn es nicht durch andere Atome an dem Eindringen in die ihm benachbarten Raumteile gehindert ist; und es muß zweitens bestimmt werden, *wie die Atome aufeinander „wirken"*, d. h. wie sie ihre Bewegung modifizieren, wenn sie im Zustand der Berührung einander im Wege sind. Als freie Bewegung betrachtet DEMOKRIT den Fall „von oben nach unten"; seit GALILEI tritt hier natürlich die gleichförmige Translation zufolge des Trägheitsgesetzes an Stelle des Falles im Schwerefeld[3]). GASSENDI glaubt, daß zufolge eines inneren Antriebes die Atome im ungehemmten Zustand eine bestimmte große universelle Geschwindigkeit besitzen; die in der

---

[1]) Arkiv för Matem., Astron. och Fysik Bd. 4, Nr. 24, 1908. Vgl. auch das Referat von BERNHEIMER in Naturwissenschaften Bd. 10, S. 481. 1922.
[2]) Übersetzung von A. LOTTERMOSER, Leipzig 1914, S. IX.
[3]) Ich kann die Bemerkung nicht unterdrücken, daß seit Aufstellung der allgemeinen Relativitätstheorie eigentlich DEMOKRIT wieder recht bekommt.

Natur beobachteten verschiedenen Geschwindigkeiten kommen ebenso durch Mischung von Ruhe und Bewegung in wechselndem Verhältnis zustande wie die verschiedenen Dichten durch Mischung von Leerem und Vollem. Bei jedem Stoß wird eine kürzere oder längere Ruhepause eingeschaltet, während welcher der Antrieb latent ist. Hier ist also nicht ein Austausch der kinetischen Energien möglich wie in der modernen Gastheorie, sondern nur ein Austausch der Orte, Umlagerung. — Was das zweite betrifft, die Wirkung der Atome aufeinander, so geschieht sie nur durch „Stoß"; und dieser wird nicht dynamisch aufgefaßt, sondern die Behauptung meint lediglich, daß ein Atom, solange es nicht an andere stößt, den Gesetzen der freien Bewegung folgt, bei der Berührung aber die Bewegung unmittelbar nachher aus der Bewegung unmittelbar vorher gesetzlich bestimmt ist. Während den Atomen niemals die sinnlichen Qualitäten beigelegt wurden, welche wir an den Körpern unserer Außenwelt wahrnehmen, sind die Vorstellungen über die Wirkung der Atome aufeinander bei den älteren Autoren durchweg ziemlich naiv nach Analogie grobsinnlicher Erfahrungen gebildet und nicht in quantitativ präzise Gesetze gefaßt. Erst HUYGHENS gelingt die Aufstellung der Prinzipien: es sind die in der Tat für die ganze Physik fundamentalen *Erhaltungssätze für Impuls und Energie*. In Verbindung mit der Annahme, daß beim Stoß ein Impulsaustausch nur in der zur gemeinsamen Berührungsebene der Atome senkrechten Richtung (Stoßrichtung) geschieht, determinieren sie die Bewegung eindeutig. Dies sind zugleich die Gesetze des elastischen Stoßes. Sie gelten nach der Meinung von HUYGHENS aber für die Atome nicht deshalb, weil die Atome elastische Billardkugeln sind, ausgestattet mit der dynamischen Eigenschaft der „vollkommenen Elastizität", sondern die Erhaltungssätze von Energie und Impuls sind universell gültige Prinzipien, aus denen sich u. a. für gewisse Körper zufolge ihrer atomistischen Konstitution jenes Verhalten ergibt, das wir als unelastischen oder elastischen Stoß mit allen möglichen Übergängen bezeichnen. Aus den Gesetzen folgt, daß beim Stoß, obschon die Stetigkeit der Ortsveränderung natürlich gewahrt bleibt, die Geschwindigkeit der Atome einen momentanen Sprung erleidet. Der Impuls ist gleich Masse mal Geschwindigkeit, die Energie das halbe Produkt aus der Masse und dem Quadrat der Geschwindigkeit. Dabei ist der Impuls als ein *Vektor*[1]) aufzufassen; es war der Grundirrtum der Cartesischen Mechanik, daß sie für das Produkt aus Masse und dem *absoluten Betrag* der Geschwindigkeit das Erhaltungsgesetz postulierte.

Die Masse deutet HUYGHENS wohl noch als Substanzquantum. In Wahrheit aber besteht die einzige Methode, das Massenverhältnis zweier Körper zu finden, darin, daß man ihre Bewegung vor und nach der Stoßreaktion beobachtet und daraus unter Zugrundelegung des Gesetzes von der Erhaltung des Impulses jenes Verhältnis berechnet. Der Zusammenhang der so definierten *trägen Masse* mit dem Gewicht ist erst durch die allgemeine Relativitätstheorie klargestellt worden. Durch die Einführung der Masse geschieht ein Schritt von großer Tragweite. Nachdem die Materie aller sinnlichen Qualitäten entkleidet war, schien es zunächst, als könne man ihr nur noch geometrische Eigenschaften beilegen; ganz konsequent ist darin DESCARTES. Aber nun zeigt sich, daß man aus der Bewegung und ihrer gesetzmäßigen Veränderung bei Reaktionen andere zahlenmäßige Charakteristika der Körper ablesen kann. Es öffnet sich damit, über Geometrie und Kinematik hinaus, die Sphäre der eigentlich mechanischen und physikalischen Begriffe. Dieser Schritt war schon von GALILEI vollzogen worden, der zuerst in der Bewegung eines Körpers nicht bloß die kinematische Ortsveränderung sah, sondern ihr eine dynamische Intensität, den Impuls oder *Impetus* (Stoßwucht) zuschrieb und die Masse eines Körpers als das konstante Verhältnis zwischen Impuls und Geschwindigkeit bestimmte.

Der Gedankenkreis der Atomistik hatte, wie aus unserer Schilderung hervorgeht, philosophisch und physikalisch schon die sorgfältigste Ausbildung erfahren, ehe die *Chemie* eingriff und von DALTON atomistisch die chemische Grundtatsache erklärt wurde, daß sich die Elemente nur in festen Massenproportionen miteinander verbinden. Die Chemie fügte dem Atombegriff vor allem die Erkenntnis hinzu, daß aus der zweifach unendlichen Mannigfaltigkeit aller möglichen, nach Radius und Masse ver-

---

[1]) D. h. neben der Größe kommt die Richtung des Impulses in Betracht; zwei Impulse werden nach derselben Parallelogramm-Regel addiert wie Kräfte. Siehe die beistehende Abbildung, in welcher die Länge von $\mathfrak{J}_1 + \mathfrak{J}_2$ keineswegs gleich ist der Summe: Länge von $\mathfrak{J}_1$ + Länge von $\mathfrak{J}_2$.

schiedenen Atome in der Natur nur ganz bestimmte diskrete Fälle realisiert sind (entsprechend den chemischen Elementen). Die Atome eines Elementes müssen alle untereinander gleich sein nach Größe und Masse; die Existenz von Elementen mit konstanten Eigenschaften wäre sonst nicht verständlich. Einen tieferen Grund, warum gerade nur diese Atomradien und Atommassen vorkommen, kann die Substanztheorie nicht angeben. Wenn nicht alle Werte der Radien und Massen zulässig sind, so wird sich die Vernunft kaum anders als bei dem entgegengesetzten Extrem befriedigen: daß nur *ein* Element existiert. Daß die letzten Bausteine der Materie alle untereinander gleich groß und von gleicher Masse sind, dieser naheliegende Gedanke ist jedoch erst durchführbar, wenn dynamische Vorstellungen herangezogen werden; er setzt, wie in der modernen Atomtheorie, voraus, daß durch starke Kräfte mehrere solcher Bausteine — die aus historischen Gründen jetzt nicht Atome, sondern Elektronen heißen — zu einem schwer zerreißbaren Verband zusammentreten können, der nach außen wie eine Atomkugel reagiert. Über den Bau der Atomkerne sind wir bekanntlich auch heute noch nicht genügend orientiert; und die von ASTON entdeckte wunderbare Tatsache, daß die Atomgewichte der wahren Elemente, die nicht aus Gemischen von Isotopen bestehen, ganze Zahlen sind, ist noch nicht als zwingende Konsequenz in eine Theorie der Materie eingefügt. Es ist nur soviel klar, daß wir über die Unterschiede der chemischen Atome hinaus einer letzten Einheit entgegensteuern.

Durch HUYGHENS hatte die atomistische Substanztheorie diejenige Präzision erreicht, welche es ermöglichte, strenge Folgerungen zu ziehen. Lauter gleichgroße kugelförmige Atome, welche sich nach den von ihm aufgestellten Gesetzen bewegen, bilden, wie sich mit Hilfe der Statistik zeigte, einen Körper, der alle diejenigen Eigenschaften aufweist, die wir erfahrungsgemäß an einem *Gas* konstatieren; die Wärmeerscheinungen kommen dabei auf Rechnung der lebhaften Atombewegung. (Das Eingreifen der Wahrscheinlichkeitsrechnung ist ein neues erkenntnistheoretisch wichtiges Moment in der Naturerklärung, doch sei hier darauf nicht näher eingegangen.) Aus den Beobachtungen konnten in Verbindung mit der Theorie, nachdem die Sache einmal so weit gediehen war, ziemlich sichere Werte entnommen werden für die Größe der Atommassen und Atomradien, desgleichen für die

Anzahl der Atome in einem gegebenen Gasquantum und für die
Atomgeschwindigkeiten. Es zeigte sich, daß für die verschiedenen
Elemente die Atommasse keineswegs dem Volumen proportional
ist. Die Vorstellung eines homogenen Substanzteiges, aus welchem
der Schöpfer am Beginn aller Zeiten mit einer Serie von Back-
formen die kleinen Atomkuchen ausgestochen hat, um ihnen dann
absolute Starrheit zu verleihen und sie mit den verschiedensten
Anfangsimpulsen in den Raum hinauszuschicken, diese Vorstellung erweist sich als unhaltbar. *Der mechanische Begriff der Masse
läßt sich, wie damit endgültig feststeht, nicht auf Geometrie redu-
zieren.*

Die kinetische Substanztheorie hat im ganzen nicht über die
Erklärung des gasförmigen Zustandes hinausgeführt. Ein später
Nachfahre von HUYGHENS, der für einen weiteren Kreis von Vor-
gängen auf analogem Wege, ohne Zuhilfenahme von „Kräften",
zum Ziele kommen will, ist HEINR. HERTZ in seiner *Mechanik.*
Man kann die kugelförmigen Atome, die etwa alle den gleichen
Radius a besitzen mögen, durch ihre Mittelpunkte, die „Atom-
punkte", repräsentieren; die Bewegungsbeschränkung infolge der
Undurchdringlichkeit der Atome drückt sich dann dadurch aus,
daß die Entfernung irgend zweier Atompunkte stets $\geq 2a$ bleibt.
HERTZ ersetzte die Koordinaten der Atompunkte durch irgendwelche Größen, deren Werte den Zustand des betrachteten mechanischen Systems kennzeichnen, und jene Einschränkungen durch
Bedingungsgleichungen (oder Ungleichungen), „Bindungen" zwischen den Systemkoordinaten von beliebiger mathematischer
Form. Diese Bedingungsgleichungen zusammen mit einem uni-
versellen Bewegungsgesetz determinieren die Koordinaten als
Funktionen der Zeit, sofern ihre Werte in einem Anfangsmoment
gegeben sind. Es ist die Aufgabe, durch Annahme verborgener
Massen und geeigneter einfacher Verbindungen zwischen ihnen
den wirklichen Verlauf der Naturvorgänge in diesem Schema dar-
zustellen. Offenbar wird hier der Substanzbegriff auf dem Wege
mathematischer Verallgemeinerung zu einem abstrakten Schema
formalisiert. Es wird wohl zutreffen, daß die endgültige systematische Form der Physik von ähnlicher Art sein muß, wobei nur
vorausgesetzt bleibt, daß die verknüpfende Beziehung zwischen
den Symbolen des mathematischen Schemas und der unmittelbar
erlebten Wirklichkeit, wenn nicht explizite beschrieben, so doch

innerlich irgendwie verstanden wird. Es ist aber sehr zweifelhaft, ob durch das Streichen der „metaphysischen" Anschauungen, welche den Aufbau der Physik geleitet hatten und zu denen der Substanzbegriff gehört, die theoretische Deutung nicht alles Zwingende verliert.

Die Hertzsche Mechanik ist nur Programm geblieben. Viel fruchtbarer ward das seit NEWTON sich vollziehende *Eindringen der Dynamik in die Substanztheorie*. Als Beispiel einer solchen gemischt substantiell-dynamischen Auffassung, zugleich als Beweis für die fundamentale Rolle, welche auch in der ganz andersartigen Begriffswelt der Dynamik die Substanzidee immer noch gespielt hat, will ich die Abrahamsche Theorie des starren Elektrons[1] anführen. ABRAHAM trägt so wenig wie H. A. LORENTZ Bedenken, die Grundgesetze der Maxwellschen Theorie des elektromagnetischen Feldes auch auf die Volumelemente des Elektrons anzuwenden. Das Elektron ist eine starre Kugel, mit dessen Raumelementen die elektrische Ladung starr verbunden ist; sie ist entweder gleichförmig über das Innere oder gleichförmig über die Oberfläche verteilt. Erst auf Grund einer solchen Voraussetzung wird das elektromagnetische Feld in der Umgebung des Elektrons zu einem durch dessen Gesamtladung und Bewegungszustand eindeutig bestimmten. (Wenn die Formeln, welche sich da ergeben und welche verlangen, daß ein schwingendes Elektron elektromagnetische Wellen seiner eigenen Frequenz aussendet, durch die Erfahrung nicht bestätigt wurden — und nach den Erfolgen der Bohrschen Atomtheorie kann daran kaum ein Zweifel sein —, so braucht das, wie es lange geschehen ist, nicht den Maxwellschen Gleichungen zur Last gelegt zu werden, sondern es ist viel wahrscheinlicher, daß die Hypothese über die geometrisch-substantielle Natur des Elektrons die Diskrepanz verschuldet.) Von Kräften, welche die Volumelemente des Elektrons aufeinander ausüben, ist in der Abrahamschen Theorie aber nicht die Rede; das Elektron ist ein einfürallemal zur Starrheit eingefrorenes Stück Natur, innerhalb dessen keine Wechselwirkung der Teile mehr stattfindet. Insbesondere wird die Frage von POINCARÉ, was die dicht zusammengedrängten negativen Ladungen im Elektron daran hindert, den Coulombschen Fliehkräften folgend, zu explodieren,

---

[1] Theorie der Elektrizität, Bd. II (Teubner 1905).

als sinnlos zurückgewiesen. Die mechanischen Gleichungen gelten nicht für die Volumelemente, sondern nur für das ganze Elektron: die zeitliche Änderung des Impulses und des Drehimpulses für ein Elektron ist gleich der Kraft bzw. dem Kraftmoment, das von dem elektromagnetischen Feld *in Summa* auf die geladenen Volumelemente des Elektrons ausgeübt wird. Es wird postuliert, daß man sinnvollerweise auch von einer Rotation des Elektrons sprechen kann. Im übrigen hat der Begriff des starren Körpers hier nicht mehr bloß einen geometrischen (wie bei den alten Atomistikern), sondern einen geometrisch-mechanischen Inhalt (den Kongruenzaxiomen der Geometrie und den mechanischen Bewegungsgesetzen des starren Körpers unterworfen).

Auch in die spezielle Relativitätstheorie läßt sich die Vorstellung des Elektrons als einer starren Substanzkugel übertragen (so liegt sie der Lorentzschen Elektronentheorie zugrunde), streng freilich nur bei Beschränkung auf gleichförmige Bewegungen. Mit den beschleunigten Bewegungen tritt man nämlich bereits hinüber in das Gebiet der allgemeinen Relativitätstheorie, welche die Idee des Starren nicht aufrecht erhalten kann. Die Bemühungen um das relativistisch starre Elektron, die Fragestellungen, zu denen gewisse an ihm auftretende Unstimmigkeiten Anlaß gaben, zeigen, wie wenig wir heute schon berechtigt sind, den Glauben an die substantielle Materie eine längst überwundene Metaphysik zu schelten. Aber immer deutlicher ist doch in den letzten Jahrzehnten geworden, daß dieses Bild vom Elektron: das Stoffteilchen mit starr anhaftenden Ladungen, eigentlich eine groteske Naivität ist. *Ich bin fest davon überzeugt, daß die Substanz heute ihre Rolle in der Physik ausgespielt hat.* Der Anspruch dieser von ARISTOTELES als einer metaphysischen konzipierten Idee, das Wesen der realen Materie auszudrücken — der Anspruch der Materie, die fleischgewordene Substanz zu sein, ist unberechtigt. Die Physik muß sich ebenso der *ausgedehnten Substanz* entledigen, wie die Psychologie schon längst aufgehört hat, die Gegebenheiten des Bewußtseins als „Modifikationen" aufzufassen, die einer einheitlichen Seelensubstanz inhärieren.

II. Masse, Energie und Impuls.

Die Begriffe Masse, Energie und Impuls sind für das Verständnis der Physik, insbesondere des Problems der Materie so wichtig, daß darüber ein Abschnitt eingeschaltet werden muß, ehe wir der Substanz- die Feldtheorie und die dynamische Auffassung der Materie gegenüberstellen können.

Das Wesentliche für die Definition der *Masse* ist die Angabe eines physikalischen Kriteriums dafür, wann zwei Körper die gleiche Masse besitzen. Dasselbe lautet nach GALILEI: Zwei Körper haben gleiche Masse, falls keiner den anderen überrennt, wenn man sie mit entgegengesetzt gleichen Geschwindigkeiten gegeneinander jagt. (Wir stellen uns etwa vor, daß beim Zusammenstoß die beiden Körper aneinander haften bleiben.) Aus Gründen der Raumsymmetrie ist klar, daß dieses Kriterium für zwei völlig gleich beschaffene Körper zutrifft, daß also insbesondere zwei solche Körper gleiche Masse besitzen. Wir wählen einen willkürlichen Körper als Masseneinheit. Aus einem Satz von Einheiten, d. h. lauter Körpern von der gleichen Masse 1 kann man Blöcke von 1, 2, 3, . . . Einheiten zusammenfügen. Um die Masse eines Körpers K zu bestimmen, der sich mit der Geschwindigkeit v bewegt, hat man die Blöcke mit gleich großer, aber entgegengesetzter Geschwindigkeit gegen K zu jagen. Wird etwa der Block aus 4 Einheiten von K überrannt, überrennt aber andererseits der Block aus 5 Einheiten den Körper K, so liegt die Masse von K zwischen 4 und 5. Es ist klar, wie man unter Verwendung dezimaler Teilungen auf diese Weise die Masse beliebig genau bestimmen kann.

Der Begriff des *Impulses* erscheint hier als primär gegenüber dem der Masse. Zwei sich gegeneinander bewegende Körper (die beide nach dem Galileischen Trägheitsgesetz eine gleichförmige Translation ausführen) haben entgegengesetzt gleichen Impuls, wenn beim Zusammenstoß keiner den anderen überrennt; zwei Körper haben gleiche Masse, so wiederholen wir unsere obige Erklärung, wenn sie bei entgegengesetzt gleichen Geschwindigkeiten entgegengesetzt gleiche Impulse besitzen. Diese Betrachtungen führen ohne weiteres auf das allgemeine *Impulsgesetz*. Wir fassen ein isoliertes, keinen Einwirkungen von außen unterliegendes Körpersystem *vor* und *nach* einer Reaktion der Teile des Systems aufeinander (z. B. vor und nach einem Zusammenstoß) ins Auge. Vor der Reaktion werden mehrere Körper vorhanden sein, deren jeder sich in gerader Linie mit gleichförmiger Geschwindigkeit bewegt (Anfangszustand); ebenso nach der Reaktion, wenn jede

2*

Einwirkung der Einzelkörper aufeinander wieder aufgehört hat
(Endzustand). Die Anzahl der Körper nach der Reaktion braucht
nicht die gleiche zu sein wie vorher; während der Reaktion sind
thermische und chemische Umsetzungen keineswegs ausgeschlos-
sen. Das Impulsgesetz sagt nichts aus über den Verlauf der Reaktion im einzelnen, sondern vergleicht lediglich den End- mit dem
Anfangszustand; es behauptet: *Einem isolierten (in gleichförmiger
Bewegung begriffenen) Körper kommt ein bestimmter Impuls zu,
das ist ein mit seiner Geschwindigkeit gleichgerichteter Vektor.
Die Impulssumme der einzelnen Körper eines isolierten Systems
vor einer Reaktion ist gleich der Impulssumme nach der Reaktion.*
Dieses Gesetz kann als der allgemeine Ausdruck der Erfahrungstatsache betrachtet werden, daß sich ein zunächst ruhendes
Körpersystem nicht aus eigener Kraft in eine einseitig fortschrei-
tende Translationsbewegung versetzen kann (4); oder genauer:
innere Reaktionen in einem isolierten ruhenden Körpersystem
sind nicht imstande zu bewirken, daß nach der Reaktion ein Teil
des Systems eine gemeinsame gleichförmige Translationsbewegung
ausführt, während der Rest ruhend zurückbleibt. Weil Impuls $\mathfrak{J}$
und Geschwindigkeit $\mathfrak{v}$ gleiche Richtung besitzen, kann man
setzen: $\mathfrak{J} = m\mathfrak{v}$. Der skalare Faktor m heißt *träge Masse*. Die
Ausführungen zu Beginn dieses Abschnittes zeigen, wie man da-
durch, daß man Körper miteinander reagieren läßt, auf Grund
des Impulssatzes das Verhältnis ihrer Massen experimentell bestimmen kann.

Die Masse eines Körpers ist, allgemein zu reden, durch seinen
Zustand bestimmt. Die Mechanik unterscheidet zwischen *innerem*
(von einem mit dem Körper mitbewegten Beobachter zu beurteilenden) *Zustand* und dem durch die Geschwindigkeit gegebenen
Bewegungszustand. Demgemäß muß sie die Frage aufwerfen: Wie
hängt die Masse eines Körpers, dem unter Erhaltung seines
inneren von einem mitbewegten Beobachter zu beurteilenden Zustandes verschiedene Geschwindigkeiten erteilt werden, von der
Geschwindigkeit v ab? Die klassische Mechanik antwortet darauf:
die Masse ist von der Geschwindigkeit unabhängig; die Mechanik
der Relativitätstheorie, welche durch die Beobachtungen an rasch
bewegten Elektronen bestätigt wurde, behauptet das Gesetz

$$(1) \qquad\qquad m = \frac{M_0}{\sqrt{c^2 - v^2}},$$

in welchem der „Massenfaktor" M_0 von der Geschwindigkeit unabhängig ist und c die Lichtgeschwindigkeit bedeutet. (M_0 hat übrigens nicht die physikalische Dimension einer Masse, sondern des Produktes Masse $\times$ Geschwindigkeit; $m_0 = M_0/c$ ist die „Ruhmasse", welche sich für $v = 0$ ergibt.) Weiter fragt es sich, wie die Masse, bzw. der Massenfaktor von dem inneren Zustand des Körpers abhängt, wie er sich z. B. verändert, wenn der Körper erwärmt wird oder in ihm eine chemische Umsetzung vor sich geht. Die klassische Mechanik behauptet abermals, daß dabei die Masse erhalten bleibt, nach der Mechanik der Relativitätstheorie verändert sich jedoch M_0 mit dem inneren Zustand des Körpers. Es ist höchst beachtenswert, daß die Antwort auf diese beiden Fragen sich zwingend aus einem allgemeinen Prinzip, dem *Relativitätsprinzip*, ergibt, welches aussagt, daß man aus einem naturgesetzlich möglichen Vorgang in einem isolierten System einen gleichfalls möglichen Vorgang erhält, wenn man allen Teilen des Systems eine gemeinsame gleichförmige Translation aufprägt.

Wir fassen wieder den oben geschilderten Vorgang ins Auge: Zwei gleichbeschaffene Körper K', K'' mit entgegengesetzt gleichen Geschwindigkeiten $\mathfrak{v}$, $-\mathfrak{v}$ vereinigen sich zu einem einzigen, notwendig *ruhenden* Körper k (man kann sich auch vorstellen, daß K', K'' gleichzeitig in ein ruhendes widerstehendes Medium eindringen, in dem sie gebremst werden). Der Impulssatz bleibt nach dem Relativitätsprinzip gültig, wenn wir dem ganzen System, in welchem sich dieser Vorgang abspielt, die Geschwindigkeit $\mathfrak{u}$ aufprägen. Haben dann K', K'' die vektoriellen Geschwindigkeiten $\mathfrak{v}'$ bzw. $\mathfrak{v}''$ von der Größe v', v'' und bedeutet $m(v)$ für die beiden gleichbeschaffenen Körper K', K'' die Masse als Funktion der Geschwindigkeit v, so muß also der Vektor

(2) $\qquad m(v') \cdot \mathfrak{v}' + m(v'') \cdot \mathfrak{v}''$ parallel zu $\mathfrak{u}$

sein. Nach dem in der klassischen Kinematik gültigen Gesetz von der Addition der Geschwindigkeiten ist

(3) $\qquad \mathfrak{v}' = \mathfrak{v} + \mathfrak{u}, \quad \mathfrak{v}'' = -\mathfrak{v} + \mathfrak{u},$

mithin

(4) $\qquad \mathfrak{v}' + \mathfrak{v}'' = 2\,\mathfrak{u}$ parallel zu $\mathfrak{u}$.

Infolgedessen kann (2) nur bestehen, wenn $m(v') = m(v'')$ ist; d. h. $m(v)$ *ist unabhängig von* v. Die Relativitätstheorie führte

zu einem anderen kinematischen Additionsgesetz; aus ihm schließt
man, daß nicht (4) besteht, sondern

$$\frac{\mathfrak{v}'}{\sqrt{c^2 - v'^2}} + \frac{\mathfrak{v}''}{\sqrt{c^2 - v''^2}} \text{ parallel zu } \mathfrak{u}$$

ist, und daraus entspringt auf Grund von (2) die schon oben
angegebene Formel (1).

Jetzt untersuchen wir einen beliebigen Reaktionsvorgang. *In
die Reaktion mögen mehrere Körper mit verschiedenen Massen m
(bzw. Massenfaktoren M_0) und Geschwindigkeiten $\mathfrak{v}$ eintreten;
aus der Reaktion gehen andere Körper mit anderen Massen $\overline{m}$
(bzw. Massenfaktoren $\overline{M}_0$) und anderen Geschwindigkeiten $\overline{\mathfrak{v}}$
hervor.* Der Impulssatz behauptet, daß

(5) $$\sum m\mathfrak{v} = \sum \overline{m}\,\overline{\mathfrak{v}}$$

ist ($\sum$ ist das Zeichen für *Summe*). Fügen wir wieder die gemeinsame Translationsgeschwindigkeit $\mathfrak{u}$ hinzu, so lautet nach dem
Additionsgesetz der klassischen Kinematik und weil die Massen m
von der Geschwindigkeit unabhängig sind, der Impulssatz:

$$\sum m(\mathfrak{u} + \mathfrak{v}) = \sum m(\mathfrak{u} + \overline{\mathfrak{v}})$$

oder

$$\sum m\mathfrak{v} + \mathfrak{u}\sum m = \sum \overline{m}\,\overline{\mathfrak{v}} + \mathfrak{u}\sum \overline{m}.$$

In Verbindung mit (5) liefert das neben dem Impulssatz das *Gesetz
von der Erhaltung der Masse*

(6) $$\sum m = \sum \overline{m}:$$

*die Gesamtmasse eines Körpersystems wird durch innere Reaktionen
nicht verändert.* Auf ganz analoge Weise erhält man, unter Zugrundelegung der relativistischen Kinematik, neben dem Impulssatz

(7) $$\sum \frac{M_0 \mathfrak{v}}{\sqrt{c^2 - v^2}} = \sum \frac{\overline{M}_0 \overline{\mathfrak{v}}}{\sqrt{c^2 - \overline{v}^2}}.$$

den *Satz von der Erhaltung der Energie*

(8) $$\sum \frac{M_0 c^2}{\sqrt{c^2 - v^2}} = \sum \frac{\overline{M}_0 c^2}{\sqrt{c^2 - \overline{v}^2}}.$$

Als Energie eines Körpers vom Massenfaktor M_0 und der Geschwindigkeit v erscheint hier die Größe

(9) $$E = \frac{M_0 c^2}{\sqrt{c^2 - v^2}}.$$

Machen wir uns den Inhalt der Gleichung (8) zunächst an dem obigen Beispiel klar! Ein ruhender kugelförmiger Körper K von der Ruhmasse m_0 bestehe aus zwei völlig gleichbeschaffenen Halbkugeln K', K''. Jede derselben hat die Ruhmasse $\frac{1}{2} m_0$. Wir nehmen die beiden Halbkugeln auseinander und jagen sie mit entgegengesetzt gleichen Geschwindigkeiten von der Größe v gegeneinander. Beim Zusammenstoß mögen sie sich zu einem einzigen (ruhenden) Körper $\overline{K}$ vereinigen. Hat $\overline{K}$ dieselbe Ruhmasse wie K? Nach der klassischen Mechanik ja, nach der relativistischen nein. Die Gleichung (8) ergibt nämlich, auf den Vereinigungsvorgang angewendet:

$$\frac{1}{2} \frac{m_0 c^2}{\sqrt{1 - (v/c)^2}} + \frac{1}{2} \frac{m_0 c^2}{\sqrt{1 - (v/c)^2}} = \overline{m}_0 c^2$$

oder

$$\overline{m}_0 = \frac{m_0}{\sqrt{1 - (v/c)^2}}.$$

Wir können sagen, $\overline{K}$ ist derselbe Körper wie K; nur ist sein innerer Zustand ein anderer geworden, *er hat sich nämlich erwärmt*. Die Erwärmung, sehen wir, ist mit einer Massenänderung des ruhenden Körpers verbunden vom Betrage

$$\Delta m = m_0 \left(\frac{1}{\sqrt{1 - (v/c)^2}} - 1 \right).$$

Dieser Zuwachs Δm an Masse muß der gleiche sein, auf welchem Wege wir auch jene thermische Zustandsänderung hervorbringen, weil die Masse eines Körpers nur von seinem Zustand, nicht von dessen Vorgeschichte abhängt. Da haben wir sofort das Energiegesetz in der Form, wie es von ROB. MAYER, JOULE, HELMHOLTZ aus der Erfahrung abstrahiert wurde, und erkennen in Δm oder in $c^2 \Delta m$ das *Energiemaß der thermischen Zustandsänderung*. Man kann die Masseneinheit so wählen, daß für die Erwärmung 1 ccm Wassers unter Atmosphärendruck von $15°$ auf $16°$ C (Kalorie) der Zuwachs $c^2 \cdot \Delta m = 1$ ist. Sei S irgendein Körpersystem, in welchem unter der Einwirkung seiner Teile aufeinander *und beliebiger anderer Körper* eine Zustandsänderung $\mathfrak{B}$ sich vollzogen hat. Wir können diese Zustandsänderung, wenn wir S mit einem Wasserkalorimeter und geeigneten Hilfskörpern verbinden, in der Weise rückgängig machen, daß die Hilfskörper aus dem Prozeß schließlich in gleichem Zustand wieder hervorgehen und nur das Kalorimeter eine Erwärmung (oder Abkühlung) erfahren hat. Beträgt seine Erwärmung w Kalorien, d. h. besteht sie darin, daß w ccm Wasser unter Atmosphärendruck sich von $15°$ auf $16°$ erwärmt haben (oder, wenn w negativ ist, daß $-w$ Gramm sich von $16°$ auf $15°$ abgekühlt haben), so liefert die Anwendung der Gleichung (8) auf das abgeschlossene, aus S, dem Kalorimeter und den Hilfskörpern bestehende physikalische System und auf den eben geschilderten Prozeß die Beziehung

$$-\left[\sum_S \frac{M_0 c^2}{\sqrt{c^2 - v^2}}\right] + w = 0.$$

Die eckige Klammer bedeutet den Zuwachs, welchen die auf das Körpersystem S allein bezügliche Summe durch die Zustandsänderung $\mathfrak{B}$ erleidet. Durch welche Zwischenstufen also auch die Zustandsänderung $\mathfrak{B}$ des Körpersystems S in eine Erwärmung des Kalorimeters umgesetzt wird — *immer ergibt sich die gleiche Anzahl von Kalorien*

$$w = \left[\sum_S \frac{M_0 c^2}{\sqrt{c^2 - v^2}}\right].$$

Das ist das phänomenologische Energiegesetz. Zugleich zeigt sich, daß der Ausdruck rechts der Energiewert der Zustandsänderung $\mathfrak{B}$ ist; und wir kommen so dazu, nicht bloß einer Zustands*änderung* einen Energiewert, sondern einem *Zustand* ein *Energieniveau* zuzuschreiben — derart, daß der Energiewert einer Zustandsänderung gleich der Differenz des Energieniveaus im End- und im Anfangszustand ist. Das Energieniveau eines Körpers vom Massenfaktor M_0 und der Geschwindigkeit v ist gegeben durch die Gleichung (9). *Zwischen dem Energiegehalt E und der trägen Masse m eines Körpers besteht danach die universelle Relation*

$$E = c^2 m.$$

(Für die klassische Mechanik versagt diese ganze Überlegung, weil nach ihr die Erwärmung eines ruhenden Körpers mit keiner Massenänderung verbunden ist.)

Unter der kinetischen Energie eines Körpers versteht man bekanntlich diejenige Energie, welche nötig ist, um ihn unter Erhaltung seines inneren, von einem mitbewegten Beobachter aus zu beurteilenden Zustandes von der Ruhe auf die Geschwindigkeit v zu bringen. Nach unseren Formeln ist der Energiewert dieser Zustandsänderung

$$= m_0 c^2 \left(\frac{1}{\sqrt{1-(v/c)^2}} - 1 \right).$$

Im Limes für $c = \infty$ liefert das den Ausdruck $\dfrac{m_0 v^2}{2}$ der klassischen Mechanik (sie ist der Grenzfall für solche Geschwindigkeiten v, welche klein sind gegenüber c). Ein Energiegesetz hatten wir oben im Rahmen der klassischen Mechanik nicht erhalten; in der Tat hat es ja in seiner „rein mechanischen" Gestalt

(10)
$$\sum \frac{m v^2}{2} = \sum \frac{\bar{m} \bar{v}^2}{2}$$

nur beschränkte Gültigkeit. Es bezieht sich allein auf solche Reaktionen, aus denen die Körper in ungeändertem inneren Zustand wieder hervorgehen; ich schlage vor, eine derartige Reaktion allgemein als *elastischen Stoß* zu bezeichnen. Man versteht eigentlich nur von der relativistischen Mechanik aus, woher im Falle des elastischen Stoßes das Gesetz (10) rührt. Sind $m_1, m_2, \ldots$ die Ruhmassen der Körper vor dem Stoß, $\bar{m}_1, \bar{m}_2, \ldots$ nach dem Stoß, so hat die Forderung, daß der innere Zustand der einzelnen Körper sich nicht geändert hat, die Gleichungen zur Folge

(11)
$$\bar{m}_1 = m_1, \quad \bar{m}_2 = m_2, \ldots.$$

Die Gleichung (6) der klassischen Mechanik wird dadurch überflüssig, und an ihre Stelle tritt das neue Gesetz (10). Man erhält es aus dem allgemein gültigen Energiesatz der relativistischen Mechanik

$$\sum_i \frac{m_i c^2}{\sqrt{1-(v_i/c)^2}} = \sum_i \frac{\bar{m}_i c^2}{\sqrt{1-(\bar{v}_i/c)^2}},$$

wenn man links und rechts die nach (11) für den elastischen Stoß übereinstimmende Summe

$$c^2 \cdot \sum_i m_i = c^2 \cdot \sum_i \bar{m}_i$$

subtrahiert. Dann folgt, daß die *kinetische* Energie der Massen vor und nach dem Stoß die gleiche ist, und in der Grenze für $c = \infty$ also das Huygenssche Stoßgesetz (10).

Im allgemeinen hat aber nach der relativistischen Mechanik
die Summe der Ruhmassen nach der Reaktion keineswegs den
gleichen Wert wie vorher. Und doch käme als Maß für ein Substanzquantum offenbar nur die von der Geschwindigkeit unabhängige *Ruhmasse* in Frage! Die These „Masse = Substanzquantum" ist damit ad absurdum geführt. Aber vielleicht hätte
es dessen gar nicht mehr bedurft; aus unseren Darlegungen geht
ohnehin hervor, daß mit dem Wort „Substanzquantum" die Rolle
nicht umschrieben werden kann, welche die Masse in den physikalischen Reaktionsvorgängen spielt.

Neben den Erhaltungssatz für Energie und Impuls tritt
das Gesetz, daß bei Reaktionen innerhalb eines abgeschlossenen
Körpersystems die elektrische *Gesamtladung* sich nicht verändert.
Die Ladung eines Körpers ist von seinem Bewegungszustand unabhängig. Aber die Ladung kommt als Maß für eine Substanz-
menge offenbar darum nicht in Frage, weil sie sowohl positiver
wie negativer Werte fähig ist.

Es sei noch erwähnt, wie sich unsere Formeln in der allgemeinen
Relativitätstheorie modifizieren, wenn wir annehmen, daß die
Körper in ein unveränderliches statisches Maßfeld (Gravitationsfeld) eingebettet sind, in welchem die Lichtgeschwindigkeit f
(oder, was dasselbe ist, das Gravitationspotential) eine Funktion
des Ortes ist. Auch dann besitzt ein Körper einen konstanten,
nur von seinem inneren Zustand abhängigen Massenfaktor M_0.
und es ist die träge Masse

$$m = \frac{M_0}{\sqrt{f^2 - v^2}}, \text{ die Energie } E = \frac{M_0 f^2}{\sqrt{f^2 - v^2}} = m f^2 \, ;$$

insbesondere für einen ruhenden Körper ($v = 0$):

$$m = \frac{M_0}{f}, \ E = M_0 f \, .$$

Über die Beziehung dieser Formeln zu der Frage, ob die Masse
eines Körpers nach dem Vorschlag von MACH als Induktions-
wirkung der Fixsterne aufgefaßt werden kann, vergleiche den
hier an zweiter Stelle abgedruckten Dialog über „Massenträgheit und Kosmos". Die elektrische Ladung verhält sich in
dieser Hinsicht viel einfacher als die Masse; sie ist, wie vom Bewegungszustand, so auch vom einbettenden Maßfeld unabhängig.

III. Die Feldtheorie.

Anders als im Abschnitt I soll diesmal die moderne Fassung der Theorie vorangestellt werden, und wir wollen erst hernach auf die früheren Ansätze zur Feldtheorie und die historischen Wandlungen eingehen. Ferner liegt es in der Natur der Sache, daß wir schon hier, dem Abschnitt IV vorgreifend, gewisse dynamische Gesichtspunkte hineinziehen müssen.

Weil für einen isolierten Körper k Impuls $\mathfrak{J}$ und Energie E zeitlich konstant sind, sind die Änderungen beider Größen pro Zeiteinheit $\dfrac{d\mathfrak{J}}{dt}$ bzw. $\dfrac{dE}{dt}$, „Kraft" und „Leistung", ein Maß für die Einwirkung, welche k von anderen Körpern k_1, $k_2 \ldots$ erfährt. In der Tat erkannte NEWTON, daß die Kraft sich additiv aus einzelnen Kräften zusammensetzt, welche von je einem der Körper k_1, k_2, $\ldots$ auf k ausgeübt werden; in solcher Weise, daß die Kraft, welche z. B. k_1 auf k in einem Moment ausübt, nur von dem Zustand dieser beiden Körper, ihrem Ort und ihrer Geschwindigkeit im gleichen Augenblick abhängt. Dasselbe gilt von der Leistung. Aus der Relativität von Ort und Bewegung ergibt sich übrigens sogleich, daß in das Kraftgesetz nur der Vektor $\overrightarrow{k\,k_1}$ und die vektorielle Relativgeschwindigkeit der beiden Körper eingehen werden. Im Falle der Gravitation ist nach NEWTON die Kraft sogar von der Geschwindigkeit unabhängig und infolgedessen eine universelle Funktion der Entfernung r allein $\left(\text{nämlich nach dem Attraktionsgesetz} = \dfrac{1}{r^2}\right)$; im Gebiet der Elektrizität aber kommt zu der elektrostatischen Anziehung bzw. Abstoßung bei bewegten Ladungen noch die Ampèresche Kraft hinzu, welche zwei Ströme aufeinander ausüben; denn eine bewegte Ladung ist elektrischer Strom — von der Stromstärke: Ladung mal Geschwindigkeit. Wesentlich aber ist, daß der Bewegungszustand nur in Form der *Geschwindigkeit* beider Körper k, k_1 im Kraftgesetz vorkommt. Denn aus der Erklärung der Kraft ist es ja ohnehin klar, daß sie sich durch die Beschleunigung, übrigens sogar durch die Beschleunigung des Körpers k allein ausdrücken läßt; dazu bedarf es keines Naturgesetzes. Wenn jenes Postulat aber erfüllt ist, so bestimmt das Newtonsche Bewegungsgesetz für ein System, das aus Körpern von bekanntem konstanten

inneren Zustand besteht, bei gegebener Lage und Geschwindigkeit
der Körper in einem Augenblick t ihre Lage und Geschwindigkeit
im nächstfolgenden Augenblick $t + d\,t$, und somit, indem wir
von Augenblick zu Augenblick integrierend fortschreiten, den
ganzen Verlauf der Bewegung. In dieser besonderen, aber streng
mathematisch faßbaren Gestalt gilt hier *das Kausalitätsprinzip*.

Auf Grund der angegebenen Tatsachen kommt man not-
gedrungen zu der Auffassung, daß die Definition ,,Kraft = Ableitung des Impulses" das Wesen der Kraft nicht richtig wieder-
gibt. Der wirkliche Sachverhalt ist vielmehr umgekehrt: Die Kraft
ist der Ausdruck für eine selbständige, die Körper zufolge ihrer
inneren Natur und ihrer gegenseitigen Lage und Bewegungs-
beziehung verknüpfende Potenz, welche die zeitliche Änderung
des Impulses *verursacht*. Bei dieser metaphysischen Deutung mag
das innere Bewußtsein des Ichs, im willentlichen Handeln Grund
eines Geschehens zu sein, entscheidend hineinspielen. Es ist aber
zu beachten, daß in NEWTONS Physik der Fernkräfte die Kraft
nicht eine durch einen einzigen Körper k bestimmte, von ihm aus-
gehende Aktivität ist, sondern eine Wechselbeziehung zweier
Körper (k und k_1), die sich gegenseitig über einen Abgrund hinüber die Hände reichen. Durch das mechanische Grundgesetz
der Bewegung wird der Physik die Aufgabe überbunden, die
zwischen Körpern wirkenden Kräfte in ihrer Abhängigkeit von
Ort, Bewegung und innerem Zustand zu erforschen. Der letztere
wird in die Kraftgesetze mittels gewisser, für den inneren Zustand
der reagierenden Körper charakteristischer Zahlen eingehen, wie
z. B. die Ladung in das Coulombsche Gesetz der elektrostatischen
Anziehung und Abstoßung. *So wird der Kraftbegriff zu einer
Quelle neuer meßbarer physikalischer Kennzeichen der Materie*,
welche ebenso wie die Masse mit den im ersten Abschnitt besprochenen, aus der Substanzvorstellung entsprungenen Merk-
malen nichts mehr zu tun haben. Insbesondere tritt an Stelle
der Härte und Undurchdringlichkeit der Atome — welche be-
wirkte, daß sich zwei Atome bis zu ihrem Zusammenstoß gleichförmig bewegten, in diesem Augenblick aber momentan in eine
andere gleichförmige Bewegung umspringen — das Gesetz, nach
welchem die repulsive Kraft, mit der zwei Atome aufeinander
wirken, von ihrer Entfernung abhängt; eine solche repulsive Kraft
hat zur Folge, daß nicht ein momentaner Stoß erfolgt, sondern

die Bahn eines Atoms bei Annäherung an ein anderes sich allmählich krümmt. Es ist kein Zweifel, daß diese Vorstellung der
Wahrheit viel näher kommt als die Huyghenssche. Man sieht an
diesem Beispiel, daß *die Entdeckung der „dynamischen" Eigenschaften der Materie von selber dazu führt, ihre „substantiellen" zu
verdrängen,* die zur Erklärung der Naturerscheinungen überflüssig werden. Im IV. Abschnitt kommen wir genauer darauf
zurück; hier sollte uns der Kraftbegriff nur als Vorbereitung
dienen auf die Idee des *Feldes.*

Diese Idee hat sich bei FARADAY und MAXWELL aus dem Bestreben entwickelt, die Wechselkräfte, welche geladene Körper
aufeinander ausüben, durch eine kontinuierliche Wirkungsüber-
tragung (Nahewirkung) verständlich zu machen. Um das Kraftfeld zu untersuchen, das geladene ruhende Konduktoren umgibt,
bedient man sich eines schwach geladenen Probekörpers. Derselbe
erfährt an jeder Stelle P des leeren Raumes eine bestimmte, im
allgemeinen natürlich von Ort zu Ort wechselnde Kraft $\mathfrak{E}(P)$;
immer wieder aber, wenn ich den Probekörper an dieselbe Raum-
stelle P zurückbringe, dieselbe Kraft $\mathfrak{E}(P)$. Immer wieder, wenn
ich zum Fenster meines Arbeitszimmers hinausschaue, habe ich
dieselben Gesichtswahrnehmungen eines rotbedachten dreistöcki-
gen Hauses. Mit demselben Recht, wie ich daraufhin zu der Ansicht komme, es stehe ein derartiges Haus da, ganz unabhängig
davon, ob ich zu ihm hinschaue oder nicht, nehme ich hier an,
daß in dem die Konduktoren umgebenden Raume ein Kraftfeld vorhanden ist, auch wenn ich die Kraft nicht an einem in
das Feld hineingebrachten Probekörper konstatiere; der Probekörper ist nur das Mittel, das an sich vorhandene Kraftfeld wahr-
nehmbar und meßbar zu machen. Freilich ist die Kraft $\mathfrak{E}(P)$
im Punkte P außer vom Zustand der Konduktoren auch von dem
des Probekörpers abhängig — wie übrigens ja auch die Gesichts-
wahrnehmung außer durch den objektiven Zustand des wahr-
genommenen Gegenstandes von dem Beobachter abhängt; aber
beide Komponenten lassen sich — im Falle des Kraftfeldes —
sehr leicht voneinander trennen. — Verwenden wir nämlich zur
Untersuchung des gleichen Feldes einen anderen Probekörper,
so stellt sich heraus, daß die an ihm wahrgenommene Kraft $\mathfrak{K}(P)$
zu $\mathfrak{E}(P)$ in einem konstanten Verhältnis steht: $\mathfrak{K}(P) = e \cdot \mathfrak{E}(P)$.
Und auch wenn wir dieselben beiden Probekörper zur Unter-

suchung anderer elektrostatischer Felder benutzen, die von anderen Konduktoren erzeugt werden, erweist sich immer wieder diese Gleichung mit demselben Wert der Konstanten e als gültig. Die Kraft $\mathfrak{K}(P)$, welche die Konduktoren auf irgendeinen Probekörper an der Stelle P ausüben, ist also das Produkt zweier Faktoren $e \cdot \mathfrak{E}$, von denen der skalare e, die „Ladung" des Probekörpers, vom Ort P unabhängig und allein durch den Zustand des Probekörpers bestimmt ist, während der vektorielle Faktor $\mathfrak{E} = \mathfrak{E}(P)$, die „elektrische Feldstärke", nur von den Konduktoren, nicht aber vom verwendeten Probekörper abhängt, im übrigen aber eine Funktion des Ortes ist. Die Zerlegung ist eindeutig bestimmt, wenn wir die Einheitsladung willkürlich (als die Ladung eines bestimmten, hier an erster Stelle verwendeten Probekörpers) festsetzen. Das von den Konduktoren erzeugte und von ihnen allein abhängige elektrische Feld $\mathfrak{E}$ wird man jetzt nicht länger als *Kraftfeld* bezeichnen dürfen; es ist vielmehr eine Realität sui generis. Die Gleichung

$$(12) \qquad \mathfrak{K} = e \cdot \mathfrak{E}$$

zwischen Kraft $\mathfrak{K}$ und Feldstärke $\mathfrak{E}$ ist nicht Definition, sondern ein Naturgesetz, welches die ponderomotorische Wirkung bestimmt, die ein derartiges elektrisches Feld $\mathfrak{E}$ auf eine hineingebrachte Punktladung e ausübt. Tatsächlich ist es, wie die entwickelte Theorie lehrt, nicht einmal streng gültig, sondern nur im Grenzfall unendlich schwacher Ladung e des Probekörpers. Da das *Licht* nach der Maxwellschen Theorie nichts anderes ist als ein periodisch veränderliches elektromagnetisches Feld von sehr kleiner Periode, können wir das Feld in seinem Gegensatz zur Materie vielleicht am besten als etwas Lichtartiges bezeichnen. Im Auge besitzen wir ein Sinnesorgan, mit Hilfe dessen wir gewisse elektromagnetische Felder auch anders als durch ihre ponderomotorischen Wirkungen wahrnehmen.

Ist der Raum zunächst feldfrei und entsteht dann Elektrizität durch Trennung von Ladungen, die vorher so nahe vereinigt waren, daß sie sich neutralisierten, so wird von ihnen ein mit Lichtgeschwindigkeit (c) sich ausbreitendes Feld erregt; statt unmittelbarer Fernwirkung bekommen wir hier also eine kontinuierliche, von Punkt zu Punkt mit endlicher Geschwindigkeit sich fortpflanzende Wirkungsausbreitung. *Und die Wechselkraft* *des Körpers k auf k_1 zerlegt sich in eine Aktivität von k (Erregung des durch k allein bestimmten Feldes) und ein Erleiden von k_1 (durch jenes Feld verursachte zeitliche Änderung seines Impulses).* Dazwischen schiebt sich die Ausbreitung des Feldes, die nach eigenen Gesetzen von der durchsichtigsten Einfachheit und Harmonie vor sich geht. Bewegte Ladungen erzeugen neben dem elektrischen Feld $\mathfrak{E}$ ein magnetisches $\mathfrak{B}$; in der Relativitätstheorie vereinigen sich beide Bestandteile zu einem einzigen „Feldtensor". Die Ausbreitungsgesetze für das elektromagnetische Feld ($\mathfrak{E}$, $\mathfrak{B}$) im leeren Raum lauten nach MAXWELL[1]) (5)

$$(13) \qquad -\frac{1}{c}\frac{\partial \mathfrak{E}}{\partial t} + \operatorname{rot} \mathfrak{B} = 0, \qquad \frac{1}{c}\frac{\partial \mathfrak{B}}{\partial t} + \operatorname{rot} \mathfrak{E} = 0.$$

Wesentlich an ihnen ist, 1. daß sie *Differentialgleichungen* sind, Nahewirkungsgesetze, welche nur die Werte der Zustandsgrößen $\mathfrak{E}$ und $\mathfrak{B}$ in unendlich benachbarten Raum-Zeitpunkten miteinander verknüpfen; 2. daß nach ihnen sich die zeitliche Änderung des Feldes $\dfrac{\partial \mathfrak{E}}{\partial t}$, $\dfrac{\partial \mathfrak{B}}{\partial t}$ aus seinem momentanen Zustand bestimmt (Gültigkeit des Kausalitätsprinzips). Es treten freilich noch zwei Zusatzbedingungen hinzu, welche nur die räumlichen, nicht die zeitliche Ableitung enthalten:

$$(14) \qquad \operatorname{div} \mathfrak{E} = 0, \quad \operatorname{div} \mathfrak{B} = 0.$$

Aber sie sind in gewissem Sinne überschüssig. Aus (13) folgt nämlich, daß die zeitliche Ableitung der beiden Divergenzen identisch verschwindet. Genügt also der Anfangszustand des Feldes den Bedingungen (14), so bleiben sie dauernd erfüllt.

Die Definition des Feldes mit Hilfe seiner ponderomotorischen Wirkung auf einen Probekörper ist nur ein Provisorium. Durch das Hereinbringen des geladenen Probekörpers stört man immer in etwas das Feld, das es eigentlich zu beobachten galt; befindet er sich einmal im Felde, so gehört er so gut wie die übrigen Konduktoren mit zu den das Feld erzeugenden Ladungen. Das wahre Naturgesetz, das an Stelle von (12) tritt, wird also anzugeben haben, was für Kräfte das von irgendwie verteilten Ladungen erregte elektrische Feld *auf diese Ladungen selber* ausübt. Mit dem sich ausbreitenden Feld wird von dem einen Körper auf den

---

[1]) Nur um der größeren Bestimmtheit willen schreibe ich diese Gesetze hin; Leser, welchen die mathematische Symbolik nicht vertraut ist, sollen sich dadurch nicht abschrecken lassen!

anderen *Impuls* übertragen — wie ja auch kein Zweifel darüber
herrschen kann, daß durch Lichtstrahlen (Wärmestrahlen) Energie
von Körper zu Körper transportiert wird. ·Während das Licht
unterwegs ist, nachdem also die Energie den einen Körper verlassen und den anderen noch nicht erreicht hat, müssen wir sie
notwendig *im Felde* lokalisieren. Auf Grund der Ausbreitungsgesetze (13) kommt man zu folgendem Resultat: $\frac{1}{2}\mathfrak{E}^2$ ist als
Energiedichte des elektrischen, $\frac{1}{2}\mathfrak{B}^2$ als Energiedichte des magnetischen Feldes anzusetzen; die Stromdichte $\mathfrak{S}$ der Energie ist
$= c\,[\mathfrak{E}\,\mathfrak{B}]$, also ein Vektor, welcher senkrecht zu $\mathfrak{E}$ und $\mathfrak{B}$ steht
und dessen Größe gleich c mal dem Flächeninhalt des von $\mathfrak{E}$ und $\mathfrak{B}$
gebildeten Parallelogramms ist. Bezeichnet man demnach das
Volumintegral von

$$W = \tfrac{1}{2}\,(\mathfrak{E}^2 + \mathfrak{B}^2)$$

über irgendein Raumgebiet V als die in V enthaltene Feldenergie
und berechnet man den Energiestrom, welcher durch die Oberfläche Ω von V von außen nach innen hinübertritt in der Weise,
daß dazu das Oberflächenelement df einen Beitrag liefert: df mal
der zu df senkrechten Komponente von $\mathfrak{S}$, so gilt: Die Zunahme·
pro Zeiteinheit der gesamten in V enthaltenen Energie — das ist
Feldenergie $+$ Energie der in V vorhandenen Materie — ist
gleich dem durch Ω hindurchtretenden Energiefluß. Die gesamte
Energiemenge bleibt also beständig konstant, sie fließt nur im
Felde hin und her und verwandelt sich aus Feldenergie in Energie
der Materie und vice versa. Führt man ein rechtwinkliges Koordinatensystem ein und ersetzt den vektoriellen Impuls durch seine
drei Komponenten in diesem Koordinatensystem, so gilt für die
drei Impulskomponenten etwas ganz Analoges: für jede von ihnen
haben wir eine skalare Felddichte, eine vektorielle Stromdichte
und den entsprechenden Erhaltungssatz. Er ist nur ein anderer
Ausdruck für NEWTONS mechanisches Grundgesetz; an die Stelle
der Formel (12) sind die Gleichungen getreten, welche Energie-
und Impulsdichte, Energie- und Impulsstrom durch die Feld-
stärken $\mathfrak{E}$ und $\mathfrak{B}$ ausdrücken. Insbesondere ist für ein Raumgebiet V, das überhaupt keine Materie enthält, die zeitliche Zunahme der Feldenergie gleich dem durch die Oberfläche eintreten-
den Energiefluß (genau so für die drei Impulskomponenten), in
Formeln:

(15) $$\frac{\partial W}{\partial t} + \operatorname{div} \mathfrak{S} = 0;$$

und diese Tatsache ist eine mathematische Folge der Feldgesetze (13), (14).

Betrachten wir ein sich ausbreitendes elektromagnetisches Feld im leeren Raum, das in jedem Augenblick nur einen endlichen Raumbereich erfüllt; z. B. eine elektromagnetische Welle, welche dadurch entstanden ist, daß wir eine Kerze angezündet haben, die aber inzwischen schon wieder ausgelöscht sein mag. Diesem Feld kommt eine bestimmte Gesamtenergie E und ein Impuls $\mathfrak{J}$ zu, welche während des Ausbreitungsvorganges zeitlich konstant bleiben. Genau wie wir in der Mechanik den Schwerpunkt, den „Massenmittelpunkt" definieren, können wir hier in jedem Augenblick den „Energiemittelpunkt" des Feldes bestimmen; er liegt innerhalb des felderregten Raumgebietes. Bezeichnet $\mathfrak{v}$ seine Geschwindigkeit, so gilt

$$|\mathfrak{v}| < c \quad \text{und} \quad \mathfrak{J} = \frac{E}{c^2} \cdot \mathfrak{v} :$$

unser Feld hat also genau wie ein materieller Körper eine träge Masse

$$m = \frac{E}{c^2}.$$

Man kann auch schreiben

$$E = \frac{M_0 c^2}{\sqrt{c^2 - v^2}}, \quad \mathfrak{J} = \frac{M_0 \mathfrak{v}}{\sqrt{c^2 - v^2}};$$

dann ist der „Massenfaktor" M_0 im Sinne der Relativitätstheorie eine vom verwendeten Bezugskörper unabhängige Größe. Bei der Reaktion zwischen mehreren elektromagnetischen Wellen oder zwischen Feld und Materie, bei Emissions- und Absorptionsvorgängen wird stets die Energie- und Impulssumme nach der Reaktion den gleichen Wert haben wie vorher. Über diese schon in II besprochenen Erhaltungssätze „im großen", die wir hier auf Strahlungsvorgänge ausgedehnt haben, sind wir aber, was das Feld betrifft, durch eine genaue raumzeitliche Analyse des Reaktionsvorganges hinausgeschritten. Zunächst bedeutete der Übergang zu NEWTONS mechanischem Bewegungsgesetz, daß wir die zeitlichen Änderungen der Energie und des Impulses von Augenblick zu Augenblick während der Reaktion verfolgten. Zu dieser differentiellen zeitlichen Analyse tritt durch die Feldvorstellung die differentielle räumliche: Energie und Impuls des Systems wer-

den in die den einzelnen Volumelementen zukommenden Beiträge zerlegt, sie werden „*lokalisiert*" und über den Raum kontinuierlich ausgebreitet. Dazu ist man im Grunde aber auch schon
bei den materiellen Körpern genötigt; denn was will man eigentlich bei Anwendung der mechanischen Gesetze unter der Geschwindigkeit eines Körpers verstehen, wenn der Körper sich während
der Bewegung deformiert oder ein Gasnebel durcheinanderwimmelnder Moleküle ist? Hier wird man offenbar, wie es auch
z. B. in der Elastizitätstheorie mit der Spannungsenergie immer geschehen ist, Energie und Impuls gleichfalls lokalisieren müssen
und unter der Geschwindigkeit des ganzen Körpers nicht die
Geschwindigkeit irgendeiner Substanzstelle, sondern seines Energiemittelpunktes zu verstehen haben.

Der Prellbock, an welchem die sich einem bestimmten Atom
(oder Elektron) nähernden Atome abprallen, ist nicht seine starre
undurchdringliche Substanz, sondern das ihn umgebende Kraftfeld. Die träge Masse ist nicht ein Substanzquantum, sondern
beruht auf seinem Energieinhalt, der zu einem wesentlichen Teile
oder gar vollständig aus der Feldenergie des umgebenden Feldes
besteht. Setzt man die radial gerichtete Feldstärke im Raume
außerhalb eines Elektrons nach der Maxwellschen Theorie $= \dfrac{\varepsilon}{r^2}$
(r die Entfernung vom Elektronenmittelpunkt, ε eine Konstante),
so ergibt sich als Energie des ganzen Außenfeldes, wenn das Elektron
den Radius a besitzt,

$$2\,\pi \int_a^\infty \frac{\varepsilon^2}{r^4}\, r^2\, d\,r = \frac{2\,\pi\,\varepsilon^2}{a}\,.$$

Beruht auf ihr allein die träge Masse m des Elektrons[1]), so findet
man für den Radius:

$$a = \frac{2\,\pi\,\varepsilon^2}{m\,c^2}\,.$$

---

[1]) Legt man der Berechnung der trägen Masse in analoger Weise den
Impuls des Feldes zugrunde, welches gemäß den Maxwellschen Gleichungen
das mit der Geschwindigkeit v gleichförmig bewegte Elektron umgibt, so bekommt man einen Wert, der $^3/_4$ mal so groß ist. Die alte, an die Substanzvorstellung gebundene Elektronentheorie mußte in dieser Diskrepanz ein
ernsthaftes physikalisches Problem erblicken. Vgl. die Bemerkung darüber
auf S. 18.

Auf Grund der experimentell bekannten Werte von ε und m erhält man daraus ein a von der Größenordnung 10^{-13} cm. Der Radius muß einen endlichen Wert haben und kann nicht 0 sein, weil man sonst auf eine unendlich große Energie und damit auf eine unendlich große Masse kommen würde. Endlich sahen wir eben, daß sich selbst der in der Mechanik auftretende Geschwindigkeitsbegriff von der Substanzvorstellung emanzipiert. Wenn so alle physikalisch wesentlichen Eigenschaften des Elektrons an dem umgebenden Felde und nicht an dem im Feldzentrum steckenden substantiellen Kerne hängen, so muß man sich doch fragen, *ob denn überhaupt die Annahme eines derartigen Kernes nötig ist oder ob wir ihn nicht ganz entbehren können.* Die letzte Frage beantwortet die Feldtheorie der Materie mit Ja; ein Materieteilchen wie das Elektron ist für sie lediglich ein kleines Gebiet des elektrischen Feldes, in welchem die Feldstärke enorm hohe Werte annimmt und wo demnach auf kleinstem Raum eine gewaltige Feldenergie konzentriert ist. Ein solcher Energieknoten, der gegen das übrige Feld keineswegs scharf abgegrenzt ist — der geometrische Begriff des Elektronenradius verliert also seinen präzisen Sinn (6) —, pflanzt sich durch den leeren Raum nicht anders fort, wie etwa eine Wasserwelle über die Seefläche fortschreitet; es gibt da nicht ein und dieselbe Substanz, aus der das Elektron zu allen Seiten besteht. Wie die Geschwindigkeit einer Wasserwelle nicht substantielle, sondern Phasengeschwindigkeit ist, so handelt es sich bei der Geschwindigkeit, mit der sich ein Elektron bewegt, auch nur um die Geschwindigkeit eines ideellen, aus dem Feldverlauf konstruierten „Energiemittelpunktes". Läßt sich diese Auffassung durchführen, durch welche der die Physik seit FARADAY und MAXWELL beherrschende Dualismus von Materie und Feld zugunsten des Feldes überwunden wird, so ergäbe sich ein außerordentlich einheitliches Weltbild. Statt der drei Arten von Gesetzen, nach denen das Feld 1. durch die Materie erregt, emittiert wird, 2. sich ausbreitet und 3. auf die Materie wirkt, behalten wir nur die Feldgesetze 2 übrig vom Typus der Maxwellschen Gleichungen (13), deren Stuktur uns völlig durchsichtig ist, während die Gesetze 1 und 3, in deren Dunkel die Physik auch heute noch kaum eingedrungen ist, überflüssig werden. Insbesondere ist die Gültigkeit der mechanischen Gleichungen gewährleistet durch den aus den Feldgesetzen folgenden differentiellen

Energie-Impulssatz, dessen Energiekomponente für das Max-
wellsche Feld in Formel (15) angegeben wurde. Man kann dieses
Weltbild kaum als ein dynamisches mehr bezeichnen, weil hier
das Feld weder von einem dem Felde gegenüberstehenden materiellen Agens erzeugt wird noch auf ein solches wirkt, sondern
lediglich, seiner Eigengesetzlichkeit folgend, in einem stillen
kontinuierlichen Fließen begriffen ist. Es ruht ganz und gar im
Kontinuum; auch die Atomkerne und Elektronen sind keine
letzten unveränderlichen, von den angreifenden Naturkräften
hin und her geschobenen Elemente, sondern selber stetig ausgebreitet und feinen fließenden Veränderungen unterworfen.

   Die Maxwellschen Gleichungen (13) reichen natürlich nicht
aus, um die Materieteilchen als Energieknoten im elektromagnetischen Felde zu konstruieren, da die in einem Elektron zusammengedrängten negativen Ladungen, den Coulombschen Fliehkräften
folgend, explodieren würden, wenn in ihrem Bereiche noch jene
Gesetze gültig wären. Mathematisch kommt das darin zum Ausdruck, daß das einzige statische, um ein Zentrum O kugelsymmetrische Feld $\mathfrak{E}$, welches der Maxwellschen Gleichung div $\mathfrak{E} = 0$
genügt, im Zentrum O eine Singularität bekommt; es ist nämlich
radial gerichtet, und seine Stärke nimmt mit wachsender Ent-
fernung r nach dem Gesetz $\dfrac{\varepsilon}{r^2}$ ab ($\varepsilon =$ const.), wird also im Nullpunkt unendlich. (In der Tat verlangt die Gleichung div $\mathfrak{E} = 0$,
daß durch jede Kugel um O der gleiche Feldfluß hindurchtritt,
d. h. es muß $\dfrac{\varepsilon}{r^2} \cdot 4\pi r^2 = 4\pi\varepsilon$ konstant sein.) Nach der alten
Substanzvorstellung wird der Zusammenhalt der negativen La-
dungen im Elektron dadurch erzwungen, daß sie an ein Substanz-
kügelchen gebunden sind, das sie nicht verlassen können; und nur
zu diesem Zwecke hatte man in der atomistischen Lorentzschen
Elektrodynamik die Substanz noch nötig. G. Mie[1]) wies 1912
aus recht zwingenden allgemeinen Anschauungen heraus einen
Weg, die Maxwellschen Gleichungen so zu modifizieren, daß sie
evtl. das Problem der Materie zu lösen imstande sind, nämlich
erklären, warum das Feld eine „körnige" Struktur besitzt und
die Energieknoten sich im Hin- und Herströmen von Energie

---

[1]) Ann. d. Physik, Bd. 37, 39, 40. 1912/1913.

und Impuls dauernd erhalten (wenn auch nicht völlig unveränderlich, so doch mit einem hohen Grad von Genauigkeit). Dies muß darauf beruhen, daß die modifizierten Feldgesetze nur *einen* Gleichgewichtszustand oder wenige, durch keinen kontinuierlichen Übergang verbundene Gleichgewichtszustände von Energieknoten ermöglichen (statische kugelsymmetrische Lösungen der Feldgleichungen). Damit wäre es auch verständlich geworden, warum *alle Elektronen dieselbe Ladung* besitzen: aus den Feldgesetzen lassen sich Ladung und Masse des Elektrons und die Atomgewichte der einzelnen existierenden chemischen Elemente „vorhersehen", berechnen (die Substanztheorie hatte diese letzten Bausteine der Materie immer als etwas mit seinen numerischen Eigenschaften Gegebenes hingenommen, ihr mußte es unverständlich bleiben, warum nur Substanzkugeln von ganz bestimmten Radien und Massen in der Natur vorkommen). Und hier, nicht in der Unterscheidung von Substanz und Feld, läge ferner der Grund, warum wir an der Energie oder trägen Masse eines zusammengesetzten Körpers die nichtauflösbare Energie seiner letzten materiellen Elementarbestandteile der auflösbaren Energie ihrer wechselseitigen Bindung gegenüberstellen[1]). Als einzige Zustandsgrößen verwendete MIE zunächst die aus der Maxwellschen Theorie bekannten elektromagnetischen. Von anderen ursprünglichen Feldkräften außer der elektromagnetischen und der Gravitation ist uns nichts bekannt, und 1913 bestand noch die Hoffnung, die Gravitation als ein Begleitphänomen des Elektromagnetismus zu erklären. Nach Aufstellung der allgemeinen Relativitätstheorie durch EINSTEIN genügte es aber, MIES Ansätze von dem Boden der speziellen auf den der allgemeinen Relativitätstheorie zu verpflanzen, wie das durch HILBERT geschah, um die Gravitation mit zu umfassen. Daran schließen sich weitere Versuche von WEYL, EDDINGTON und EINSTEIN, elektromagnetisches und Gravitationsfeld völlig zu einer Einheit zu verschmelzen. In MIES fundamentalen Arbeiten aber war zum erstenmal überhaupt Sinn und Aufgabe der reinen Feldphysik klar erfaßt.

---

[1]) Natürlich würde in einer solchen Elektrodynamik auch die in der Fußnote auf S. 7 erwähnte Frage des ARISTOTELES ihre Lösung finden; wir wüßten ebensogut, warum Proton und Elektron nicht zusammenschmelzen, wie wir verstünden, warum im Raume des Elektrons die negativen Ladungen nicht auseinanderplatzen.

Er gelangte, wie freilich betont werden muß, auf seinem spekulativen Weg — und ein anderer ist hier zur Zeit kaum gangbar —
nicht zu eindeutig fixierten Feldgesetzen, sondern nur zu einem
allgemeinen Schema, das noch verschiedener Spezialisierungen
fähig ist und in welchem die Maxwellschen Feldgesetze des leeren
Raumes als einfachster Sonderfall mitenthalten sind. Und es
gelang bisher nicht, im Rahmen dieses Schemas die unbestimmt
bleibende Wirkungsfunktion so zu wählen, daß sie zu einzelnen
diskreten Gleichgewichtszuständen der Materieteilchen führt (obschon die Mathematik durch eine Konstantenabzählung erkennen
läßt, daß dies sozusagen normalerweise zu erwarten ist). Zur
näheren Illustration kann ich darum nur ein fingiertes Beispiel gebrauchen: es liegt durchaus im Bereich der mathematischen Möglichkeit, daß bei geeignet gewählter Wirkungsfunktion sich als
einzige überall reguläre statische kugelsymmetrische Lösung der
Feldgesetze die Formel ergäbe

$$(16) \qquad \text{radiale elektrische Feldstärke} = \frac{\varepsilon}{r^2 + a^2}$$

mit den Konstanten $\varepsilon = -4{,}77 \cdot 10^{-10}$ elektrostatische Einheiten, $a = 10^{-13}$ cm. Damit wäre das Elektron, sein Radius a,
Ladung ε und Masse erklärt; in Entfernungen r, die groß gegenüber a sind, geht der Ausdruck über in den Maxwellschen $\frac{\varepsilon}{r^2}$,
im Nullpunkt aber ist die Singularität verschwunden.

Es ist hier nicht der Ort, über die Miesche Theorie eingehender
zu referieren. Ich schildere lieber zusammenfassend und unabhängig von den besonderen Ansätzen MIES die allgemeinen Züge
einer *Feldtheorie der Materie.* Statt einer sich bewegenden Substanz bilden in ihr die Grundlage gewisse, im vierdimensionalen
Raum-Zeit-Kontinuum ausgebreitete physikalische *Zustandsgrößen*; wird jenes Kontinuum — nach der allgemeinen Relativitätstheorie in völlig willkürlicher Weise — auf vier Koordinaten bezogen, so erscheinen die Feldgrößen in ihrem wirklichen Verlauf
wiedergegeben durch stetige Funktionen der Raum-Zeit-Koordi-
naten. Sie genügen gewissen einfach gebauten Differentialgleichungen, den *Feldgesetzen,* welche von solcher Art sind, daß
sie die Ableitungen der Zustandsgrößen nach der Zeit-Koordinate
in einem Augenblick aus dem momentanen im dreidimensionalen
Raum ausgebreiteten Feldzustand zu bestimmen gestatten (*Kau-*

salitätsprinzip). Außerdem muß das System der Feldgesetze, um eine objektive Bedeutung zu haben, unabhängig sein von der Wahl des Koordinatensystems (*Relativitätsprinzip*). Endlich müssen *Energie- und Impulsdichte, Energie- und Impulsstrom* als Ausdrücke in den unabhängigen Zustandsgrößen des Feldes gegeben sein und für sie auf Grund der Feldgesetze *Erhaltungssätze* vom Typus (15) sich ergeben, welche aussagen, daß die zeitliche Zunahme der Feldenergie und des Feldimpulses in einem beliebig abgegrenzten Raumteil V gedeckt wird durch den Energie- bzw. Impulsfluß, der durch die Oberfläche Ω von V hindurchtritt. (Die Feldgesetze und ebenso die Ausdrücke für Energie und Impuls dürfen nur dort, wo die Feldstärken enorm hohe Werte annehmen, merklich von den Maxwellschen Ausdrücken abweichen, damit der Anschluß an die Erfahrung gewährleistet ist.)

Die Geschichte lehrt, daß die Unterordnung der Erscheinungen unter die Kategorie der Substanz nicht selbstverständlich ist, sondern das Erzeugnis einer bestimmten historischen Epoche. Eine Zeitlang ist sie in der Physik allbeherrschend, alle Vorgänge sollen auf die Bewegung verborgener „Fluida" zurückgeführt, „mechanisch" erklärt werden. Aber andere Zeiten, vorher und nachher, und andere Denker haben der substantiellen Materie nicht bedurft oder sie sogar positiv verworfen. Keine Rede davon, daß die Physik, wie es in seiner Polemik gegen die Relativitätstheorie z. B. LENARD behauptete, jeder anschaulichen Basis verlustig geht, wenn die elektrischen und optischen Vorgänge nicht mehr unter dem Bilde von Bewegungen eines substantiellen Äthers aufgefaßt werden. Auf die sinnliche Erfahrung kann man sich jedenfalls nicht berufen, um die Substanzvorstellung zu legitimieren. Unsere Sinne greifen überhaupt nicht in die Ferne, sich des substantiellen „Dinges" bemächtigend, sondern für die psychophysische Wechselwirkung gilt so gut wie für die rein physische das *Prinzip der Kontinuität*, der unmittelbaren Nahewirkung: Meine Gesichtswahrnehmungen sind bestimmt durch die auf der Netzhaut auftreffenden Lichtstrahlen, also durch den Zustand des optischen oder elektromagnetischen Feldes in der unmittelbaren Nachbarschaft mit dem Sinnesleib jenes rätselhaften Realen, des Ich, dem eine gegenständliche Welt bildmäßig „erscheint"; und zwar ist hier vor allem der Energiestrom — seine Richtung für

die Richtung, in der ich Gegenstände erblicke, seine periodische
Veränderlichkeit für die Farbe — maßgebend. Fasse ich ein
Stück Eis an, so nehme ich den an der Berührungsstelle zwischen
jenem Körper und meinem Sinnesleib fließenden Energiestrom
als Wärme, den Impulsstrom als Druck (Widerstand) wahr. So
kann man sagen, daß die Energie-Impulsgrößen des Feldes das-
jenige sind, wovon ich direkt durch meine Sinne Kunde erhalte.
In der Auflösung des Substanzbegriffes ist die Philosophie der
Physik voraufgegangen. Die Kritik setzt bei LOCKE kräftig ein,
nimmt eine radikale Wendung bei BERKELEY und wird von
HUME mit aller Gründlichkeit und Klarheit zu Ende geführt[1]).
Statt die Qualitäten durch einen substantiellen Träger zusammen-
zuhalten, gilt es allein ihre funktionalen Beziehungen zu erfassen.
Von Neueren, welche diese Ablösung der Substanz- durch die
Funktionsidee scharf betont und allseitig beleuchtet haben, sind
MACH und im Anschluß an ihn PETZOLDT —, vom Neu-Kantianis-
mus herkommend, CASSIRER zu nennen[2]). Doch braucht man
die Physik, glaube ich, wegen ihrer größeren Trägheit in dieser
Frage nicht zu schelten; für die positiven Wissenschaften ist es
ein gesunder Grundsatz, einen Begriff, eine Vorstellung erst ab-
zustoßen, wenn die ihn verdrängende überlegene Anschauung
schon da ist. Überhaupt scheint es mir, daß Philosophie als selbständige Wissenschaft immer in der Kritik und Präformation der
Begriffe stehen bleibt, zu fruchtbarer positiver Erkenntnis aber
erst sich wandelt in dem Augenblick, wo sie, ihrer Selbständigkeit
sich entäußernd, zum philosophischen Denken innerhalb der
Einzelwissenschaften wird und deren breit entwickelte Erfahrungs-
und Gedankenmasse ihren Ideen Leib gibt. Die lenkende Kraft
der metaphysischen Ideen und die große Bedeutung der philo-

---

[1]) Ich zitiere aus HUMES Traktat über die menschliche Natur, Teil IV,
Abschn. 6: „Unser Hang, die Identität mit der Beziehung zu verwechseln,
ist groß genug, um den Gedanken in uns entstehen zu lassen, es müsse neben
der Beziehung noch etwas Unbekanntes und Geheimnisvolles da sein, das
die zueinander in Beziehung stehenden Elemente verbinde." Ebenda
Abschn. 3: „So sieht sich auch hier die Einbildungskraft veranlaßt, ein Unbekanntes Etwas oder eine ‚ursprüngliche Substanz oder Materie' zu er-
dichten und hierin das die Einheit oder den Zusammenhang der Erscheinungen herstellende Prinzip zu sehen."

[2]) J. PETZOLDT: Das Weltproblem vom Standpunkte des relativistischen
Positivismus aus. (3. Aufl., Teubner 1921). — E. CASSIRER: Substanzbegriff
und Funktionsbegriff. (Berlin 1910.)

sophischen Arbeit wird dadurch nicht verkannt. Auch gibt es
für sie noch eine wichtige Aufgabe *nach* diesem Ereignis: die Aus-
einandersetzung des in der objektiven Wissenschaft Erkannten
mit dem Gesamtleben.

Daß die substantielle Materie nicht ein sich selbstverständlich
aufdrängendes Element der Naturdeutung ist, wird ferner durch
die Geschichte des antiken Denkens belegt; jene Idee ist den
meisten griechischen Denkern ganz fremd. Bei ARISTOTELES ist
der Begriff des Stoffes ($\H{v}\lambda\eta$, $\tau\grave{o}$ $\H{v}\pi o\varkappa\varepsilon\acute{\iota}\mu\varepsilon\nu o\nu$) in erster Linie ein
relativer, das „Bestimmbare" im Gegensatz zur bestimmenden
Form ($\varepsilon\tilde{\iota}\delta o\varsigma$); Stoff ist Möglichkeit des Geformtwerdens. In einem
mehrgliedrigen Produktionsprozeß erscheint auf jeder Stufe der
Stoff „geformter", der Spielraum der Möglichkeiten weiterer For-
mung beschränkter. Damit schwindet zugleich der Stoff im
Aristotelischen Sinne, die Komponente des nur potentiellen, nicht
aktualisierten Seins, mehr und mehr zusammen. Man sieht, daß
dieser Stoff offenbar nicht die Materie im Sinne des Abschnittes I
ist. Zwar hat auch für ARISTOTELES jene Relationskette von
Stoff und Form einen Anfang in der „ersten Materie", die alle
Möglichkeiten in sich birgt, aber zugleich ein Ende im reinen Geist,
in welchem alle Potentialität aktualisiert ist. Das Wort „Werde,
der du bist" ist hier über alle Weltgeschöpfe ausgesprochen. Die
Formen sind etwas im Innern des Stoffes von der Möglichkeit zur
Wirklichkeit Hinüberdrängendes; der Übergang selbst geschieht
in der „Bewegung"[1]. Diese ist also nicht die Demokriteische
Bewegung einer sich selbst identisch bleibenden Substanz,
sondern Veränderung, Wechsel der Beschaffenheit im allgemeinsten
Sinne. Da in der Physik der teleologische Gesichtspunkt noch
ganz zurücktritt, die qualitativen Zuständlichkeiten aber den
Raum stetig und lückenlos erfüllen, ist die Physik des ARISTO-
TELES — die freilich fast ganz in einer Ontologie der Natur stecken
bleibt — in ihrem entscheidendsten Zuge *Feldtheorie*. Von da
aus ist seine *Leugnung des leeren Raumes* ganz konsequent (7).

---

[1] Es überkreuzt sich freilich diese naturphilosophische Auffassung des
Verhältnisses von Stoff und Form mit einer mehr logischen, nach welcher
jedes konkrete Einzelding volle Wirklichkeit beanspruchen kann, die Form
eines solchen Dinges nirgendwo noch eine Möglichkeit weiterer Ausfüllung
offen läßt, und der Stoff über diesen Wesensbestand an „Form" hinaus ihm
lediglich (als principium individuationis) die individuelle Existenz verleiht.

Die Annahme, daß das Feld ein Raumgebiet ausläßt, ist auch für uns absurd. Denn wird das raumzeitliche Kontinuum auf Koordinaten bezogen, so erscheinen die Zustandsgrößen des Feldes als Funktionen dieser Koordinaten; aber der Begriff der unabhängigen Variablen ist korrelativ zu dem der Funktion: so weit das Existenzfeld einer Funktion reicht, erstreckt sich auch das Gebiet der Veränderlichkeit ihrer Argumente. (Man beachte dabei wohl: das Bestehen der Gleichung $\mathfrak{E} = 0$ in einem Raumgebiet bedeutet für das elektrische Feld $\mathfrak{E}$ nicht etwa, daß es in jenem Gebiet unterbrochen ist, sondern nur, daß es sich dort im „Ruhezustand" befindet, der sich stetig in alle übrigen möglichen Zustände einpaßt.) Und genau diese Auffassung hat ARISTOTELES vom Raum; er ist für ihn ein Moment an den Körpern: Scheidung zugleich und stetiger Zusammenhang, Unendlich-benachbart-sein der Teile des stetig abgestuften qualitativen Weltinhalts. (Es ist eine leicht verständliche, aber auch leicht abzustreifende Befangenheit, die wir analog bei DESCARTES antreffen, wenn sein Blick dabei in erster Linie an der Begrenzung zweier sich berührender Körper haften bleibt.) Es ist weiter konsequent, daß er keine andere als unmittelbare Nahewirkung zugibt: „Dasjenige, welches die Verwandlung hervorbringen soll, muß das zu Verwandelnde berühren"; und darum kann er auch den Raum nur als das Medium dieses Sich-berührens gelten lassen. Im Gegensatz dazu faßt die atomistische Substanztheorie den Raum als Inbegriff möglicher geometrischer Fernbeziehungen, und sie muß eine im leeren Raum operierende „Ferngeometrie" nach Art der Euklidischen voraussetzen, weil sie ja ein Werden im Aristotelischen Sinne leugnet, und das einzige, was wechselt, für sie die Lagebeziehungen der festen Substanzelemente sind. Verlegt man aber das Werden in den nach Ort und Zeit veränderlichen Feldzustand, so wird, wie die moderne Relativitätstheorie gezeigt hat, diese Art von Geometrie entbehrlich: dem Weltkontinuum an sich kommt danach — im Einklang mit ARISTOTELES — nur der stetige Zusammenhang zu; alle geometrischen Beziehungen und Charaktere ergeben sich erst auf Grund des *von der Materie abhängigen,* im Raume herrschenden metrischen Feldes (das nach EINSTEIN außerdem für die Gravitationserscheinungen verantwortlich ist). *In der Feldtheorie spielt* in gewissem Sinne *das Raum-Zeitkontinuum die Rolle der Substanz,* wenn wir den Gegensatz von Substanz und Form

als den des „*Dies*" und „*So*" fassen; das nur durch einen individuellen Hinweis zu gebende, qualitativ nicht charakterisierte
Dies ist für sie nicht ein verborgener Träger, dem die Beschaffen-
heiten inhärieren, sondern das „*Hier-Jetzt*", die einzelne Raum-
zeitstelle. Die Weltbeschreibung besteht nach der Feldtheorie,
um einen Terminus von HILBERT zu gebrauchen, aus den „Hier-
So-Relationen" — das „Hier" vertreten durch die Raumzeit-
koordinaten, das „So" durch die Zustandsgrößen; sind diese als
Funktionen jener bekannt, so ist der Weltverlauf vollständig festgelegt. Daß der an sich formlose unbegrenzte Raum, der aber
fähig ist, alle Formen in sich aufzunehmen, die ὕλη der Körper-
welt sei, war, wie ARISTOTELES ausdrücklich bezeugt, die Ansicht
PLATONS; wenn sich ARISTOTELES dagegen verwahrt, mit dem
Argument, daß der Stoff mit dem Ding verbunden bleiben müsse,
der Raum aber in der Bewegung von ihm sich trenne, so fällt er
offenbar in die naive Ding-Vorstellung zurück, welcher die ver-
hältnismäßig beständige räumliche und qualitative Form die
Identität des Stoffes bedeutet.

Weiter gehört hierher des ARISTOTELES *Lehre vom natürlichen
Ort*, die Trennung der Bewegungen in „natürliche" und „gewalt-
same". Er schreibt dem Orte physikalische Wirksamkeit zu; Ort
ist nicht nur etwas, sondern besitzt ein gewisses *Vermögen*; die
natürlichen Bewegungen folgen dieser δύναμις (Streben der
schweren Körper zum Weltzentrum, des Feuers von ihm fort).
Das strukturelle Führungsfeld (siehe den Dialog über „Massenträgheit und Kosmos") ist in der modernen Physik dies Orts-
vermögen, und auch wir scheiden wieder zwischen der „natürlichen", durch das Führungsfeld bestimmten Trägheitsbewegung
und der gewaltsamen, durch „Kräfte" hervorgebrachten Ab-
lenkung. In entschiedendstem Gegensatz dazu hatte die Physik
der Renaissance die reale Wirksamkeit des Orts geleugnet. „Der
Ort ist ein Nichts, er existiert nicht und übt keine Kraft aus,
sondern alle Naturgewalt ist in den Körpern selbst enthalten und
begründet." (GILBERT, de mundo nostro sublunari philosophia
nova, 1651.) Darum in ihr der absolute Euklidische Raum mit
seinen geometrischen Fernbeziehungen, und die Beharrungstendenz
der Trägheitsführung nicht etwas Reales, mit den Kräften im
Kampf Liegendes, sondern geometrisch fixiert durch den absoluten
Raum. Es ist kein Zweifel, daß wir uns hierin der Aristotelischen

Auffassung wieder beträchtlich genähert haben — obschon es
offenbar historisch notwendig war, seine naive Durchführung
des Programms, sein Weltgebäude durch die neuen Wahrheiten
von KOPERNIKUS und KEPLER, GALILEI und NEWTON zu zer-
trümmern[1]).

Endlich versteht man von hier aus die Ablehnung der Atome
in der Aristotelischen Physik; denn „aus Unteilbaren kann keine
stetige Größe entstehen", wie es der Raum und das ihn erfüllende
qualitative Feld ist. Aus demselben Argument heraus, daß ein
Kontinuum nicht in Teile zerfallen kann, gelangte DEMOKRIT zu
der entgegengesetzten Folgerung: Weil ich einen Stock zerbrechen,
in zwei Teile zerlegen kann, war er von vornherein kein zusammenhängendes Ganzes; die Teilung läßt sich fortsetzen, bis ich zu den
unteilbaren Atomen komme. Der Grundsatz, von welchem beide
ausgehen, spricht unbedingt eine im Wesen des Kontinuums
liegende Wahrheit aus; in der Scholastik ist er im Anschluß an
ARISTOTELES eingehend erörtert worden. Die moderne, unter dem
Einfluß von G. CANTOR stehende mengentheoretische Analysis
verkennt ihn zwar — sie faßt das Kontinuum als einen Inbegriff
von Punkten —, aber eine strenge intuitive Begründung der mathematischen Theorie des Kontinuums, wie sie neuerdings von
BROUWER und dem Verf. entworfen wurde, hat sich genötigt gesehen, das Kontinuum wiederum als ein Medium zu konstruieren,
innerhalb dessen sich wohl einzelne Punkte festlegen lassen, das
sich aber nicht in eine Menge von Punkten auflösen läßt[2]). Der

---

[1]) Das Gilbertsche Prinzip, daß alle Naturgewalt in den Körpern selbst
enthalten und begründet ist, bildet das Thema des nachfolgenden Dialogs. —
Vgl. ferner E. CASSIRER, Das Erkenntnisproblem in der Philosophie und
Wissenschaft der neueren Zeit (Berlin 1906/07), Bd. I und II; O. BECKER:
Beiträge zur phänomenologischen Begründung der Geometrie und ihrer
physikalischen Anwendungen, Husserls Jahrbuch für Philosophie und phänomenologische Forschung Bd. 6, 1923 (meines Erachtens bei weitem die
gründlichste moderne Bearbeitung des philosophischen Raumproblems).

[2]) Vgl. dazu WEYL: Über die neue Grundlagenkrise der Mathematik,
Math. Zeitschr. Bd. 10, S. 39. 1921. ARISTOTELES bemerkt zum Zeno-
nischen Paradoxon (Physik, Kap. VIII): „Wenn man die stetige Linie in
zwei Hälften teilt, so nimmt man den einen Punkt für zwei; man macht
ihn sowohl zum Anfang als zum Ende, *indem man aber so teilt, ist nicht
mehr stetig weder die Linie noch die Bewegung* . . . In dem Stetigen sind
zwar unbegrenzt viele Hälften, aber nicht der Wirklichkeit, sondern
der Möglichkeit nach." Das Gegebene ist, darin hat HUME recht, nicht

Widerstreit zwischen DEMOKRIT und ARISTOTELES löst sich so: Nach der Substanztheorie wird der Stab beim Zerbrechen wirklich in zwei Substanzteile zerlegt; darum ist er, wie DEMOKRIT richtig schließt, aus unteilbaren Elementen diskontinuierlich aufgebaut. Nach der Feldtheorie wird aber die Verbindung zwischen den beiden Bruchstücken gar nicht unterbrochen; nach wie vor haben wir ein den ganzen Raum erfüllendes kontinuierliches Feld; das Gelände, aus welchem sich anfänglich nur *ein* Bergrücken heraushob (die hohen Werte der Feldgrößen im Gebiete des materiellen Stocks!), hat sich stetig in ein Gelände mit zwei ausgesprochenen Gebirgszügen verwandelt. — Die historische Stammtafel der anti-atomistischen, ganz im Kontinuum hausenden Weltauffassung, der das Geschehen als ein den Raum stetig erfüllendes und stetig veränderliches Feld erscheint, wird die Namen HERAKLIT, ANAXAGORAS, die sog. Pythagoreer (ARCHYTAS und seine Gefährten), endlich PLATON enthalten müssen. Anfänglich verband sich mit ihr die Verzweiflung an der rationalen Erkennbarkeit der Welt, so noch bei Platons Lehrer KRATYLOS. Die Wendung bei PLATON in diesem Punkte — für ihn wird ja dann die ,,Geometrie'' zum Bindeglied zwischen Wirklichkeit und Idee — beruht auf der Entdeckung des Infinitesimalprinzips durch ANAXAGORAS und die Pythagoreer, das ausdrücklich als eine Widerlegung des Standpunktes von DEMOKRIT verstanden wurde. Sie eröffnete die Möglichkeit, das Kontinuum mathematisch zu erfassen. ARISTOTELES aber verbleibt mit seiner Physik viel mehr als mit anderen Teilen seiner Philosophie im Bannkreis der Akademie[1]).

unendlich teilbar, unterhalb einer gewissen Schranke hört jede Unterscheidbarkeit auf. Das wirkliche Ding aber ist eine Grenzidee, entfaltet nur in einem auf jeder Stufe ins Unendliche hinein offen bleibenden Prozeß seinen ,,inneren Horizont''. Das wird in den angeführten Worten von ARISTOTELES vortrefflich ausgedrückt. Die Grenzidee wird uns in dem Maße anschaulich, als beim weiteren Hineingehen in den Innenhorizont gewisse anschaulich auffaßbare Momente sich konstant erhalten. Vgl. dazu das Zitat aus PERRINS Buch über die Atome auf S. 12 und die Ausführungen über Limesbildung bei O. BECKER: a. a. O.

[1]) Natürlich ist dabei der gewaltige Unterschied zwischen der Platonischen, der Aristotelischen und der Mieschen Auffassung des Weltgeschehens nicht zu verkennen. Das unterscheidende Prinzip liegt dort, wo sich nach jeder dieser Theorien der Heraklitische Fluß ,,zum Starren waffnet'': für ARISTOTELES in den immanenten zweckbestimmten Formen, für PLATON

Es ist bekannt, daß DESCARTES die gleiche Pythagoreische Lehre vertreten hat, *die räumliche Ausdehnung sei die eigentliche Substanz der Körper.* Er will trotzdem alle qualitative Veränderung — wie übrigens wohl auch die Pythagoreer und PLATON — auf *Bewegung* zurückführen. Bewegung, sagt er, ist „Überführung eines Teiles der Materie oder eines Körpers aus der Nachbarschaft derjenigen Körper, welche ihn unmittelbar berühren und als ruhend betrachtet werden, in die Nachbarschaft anderer Körper. Unter einem Körper oder einem Teil der Materie aber verstehe ich das, was auf einmal übergeführt wird". Es ist schwer, mit diesen Erklärungen einen Sinn zu verbinden, ohne ein substantielles Medium zugrunde zu legen, dessen einzelne Stellen man durch ihre Geschichte hindurch verfolgen, zu allen Zeiten wiedererkennen kann[1]). Es kommt hinzu, daß das mathematische Denken trotz der im Altertum genommenen Anläufe dem Kontinuum immer noch nicht gewachsen ist; so wird die Physik des DESCARTES dann doch zu einer Korpuskulartheorie; nur sind die Korpuskeln nicht wie bei DEMOKRIT unveränderlich, sondern stoßen sich gegenseitig die Ecken ab und werden zerrieben. Zwischen den kugelförmigen Korpuskeln müssen sich andere prismatische hindurchwinden, deren Querschnitt so gestaltet ist wie der Zwischenraum zwischen drei sich von außen berührenden Kreisen[2]) (!). Korrigiert man den aus der mangelnden Beherrschung des Kontinuums hervorgehenden Fehler, so werden die Unstetigkeiten an den Trennungsflächen, welche die einzelnen sich aneinander hinschiebenden Korpuskeln trennen und die DESCARTES offenbar zur Erfassung der Bewegung für nötig hält, etwas ganz unwesentliches, und man bekommt eine *Fluidumstheorie.* Man könnte z. B. annehmen, daß das Weltfluidum sich so bewegt wie eine inkompressible reibungslose Flüssigkeit (Wasser); seine Bewegungsgesetze, welche bei DESCARTES ganz im

---

in den transzendenten Ideen, für MIE in dem bindenden funktionalen Feldgesetz. — Über PLATON vgl. das schöne Buch von E. FRANK: Plato und die sog. Pythagoreer (Halle 1923), über die Abhängigkeit der Aristotelischen Physik von der Akademie: W. JAEGER, Aristoteles (Berlin 1923).

[1]) Von einer anderen möglichen Interpretation möchte ich wenigstens hier absehen, da sie sachlich und historisch von keinem Belang ist.

[2]) Im ganzen, scheint mir, ist die Physik kein Ruhmesblatt im Buch der Cartesischen Philosophie; sie ist weder durch Klarheit des Denkens noch durch einen höheren Grad intuitiven Naturverständnisses ausgezeichnet.

Dunkel bleiben — er hält sich hier an die aus grobsinnlicher Erfahrung entnommenen Bilder vom Drücken, Drängen, Zerreiben, Festhaken der Teilchen — würden dann diejenigen sein, in welche sich die modernen hydrodynamischen Gleichungen verwandeln, wenn man aus ihnen den der dynamischen Vorstellungswelt angehörigen Flüssigkeitsdruck eliminiert. Wenn $\mathfrak{v}$ die vektorielle Geschwindigkeit des strömenden Wassers als Funktion von Ort und Zeit bedeutet und neben dem Geschwindigkeitsfeld $\mathfrak{v}$ dessen Wirbelfeld $\mathfrak{W}$ eingeführt wird, so gewinnt man dadurch folgendes System von Gleichungen

$$\operatorname{div} \mathfrak{v} = 0 \,, \ \operatorname{rot} \mathfrak{v} = \mathfrak{W}\,;$$

(17)

$$\frac{\partial \mathfrak{W}}{\partial t} + \operatorname{rot}[\mathfrak{v}\,\mathfrak{W}] = 0\,.$$

Aus dem auf Grund dieser Differentialgleichungen ermittelten Geschwindigkeitsfeld sind dann durch eine weitere Integration die Weltlinien der einzelnen Flüssigkeitsteilchen zu bestimmen. Jetzt läßt sich aber auch noch das substantielle Medium eliminieren, wie es die philosophische Grundthesis von DESCARTES fordert[1]: Wir brauchen uns nur der Deutung des in (17) auftretenden Vektors $\mathfrak{v}$, der eine stetige Funktion von Ort und Zeit ist, als der Geschwindigkeit strömender Materie zu enthalten. Die Feldgesetze (17) sind in der Tat von ähnlichem Typus wie die Maxwellschen Gleichungen (wobei $\mathfrak{W}$ etwa die Rolle der Feldstärke, $\mathfrak{v}$ die des Potentials spielt). Die letzte Integration, der Übergang vom Geschwindigkeitsfeld zu den Weltlinien der Flüssigkeitsteilchen, fällt damit natürlich fort. Der Zusammenhang mit der Erfahrung wird nicht durch jene Deutung von $\mathfrak{v}$ als Geschwindigkeit eines strömenden substantiellen Mediums hergestellt, sondern durch die Gesetze, nach welchen sich aus den Feldgrößen $\mathfrak{v}$, $\mathfrak{W}$ die auf die beobachtbaren Körper einwirkende ponderomotorische Kraft bestimmt. Auf Grund dieser Gesetze, nicht auf Grund einer substantiellen Mitführung kann der „hineingeworfene Strohhalm" (vgl. S. 3) zur Messung von $\mathfrak{v}$ verwendet werden. Oder besser noch, da ja auch der Strohhalm im Felde aufgelöst werden muß:

---

[1] Die Annahme einer qualitativ nicht charakterisierten Substanz führt, wie wir im Abschnitt I sahen, notwendig zum Atomismus; jede Fluidumtheorie also, die an der kontinuierlichen Raumerfüllung festhalten will, muß, zu Ende gedacht, Feldtheorie werden.

es müssen, gemäß dem von MIE aufgestellten Muster einer reinen Feldtheorie, die Formeln hinzugefügt werden, welche die Energie-Impulsgrößen in Abhängigkeit von den Feldgrößen $\mathfrak{v}$ und $\mathfrak{B}$ definieren. So etwa würde heute die konsequente Durchführung des Cartesischen Grundgedankens aussehen.

' Spätere Physiker haben tatsächlich die hydrodynamischen Gleichungen (17) zum Fundament für ihre Theorie des Äthers gemacht[1]). Eine analoge Rolle spielt die Elastizität in der älteren mechanischen Lichttheorie. Sobald man aber einmal von der Vorstellung der sich bewegenden Substanz zu der des raumzeitlich ausgebreiteten Feldes übergegangen ist, haben solche noch in Anknüpfung an den Substanz-Gedanken entsprungenen Ansätze keinerlei anschaulichen Vorzug mehr vor der von vornherein damit aufräumenden Maxwellschen Feldtheorie. Es war ein ungeheurer Fortschritt, daß FARADAY und MAXWELL sich über die das Feld beschreibenden Zustandsgrößen und ihre Gesetze von neuem durch die Erfahrung belehren und nicht von apriorischen Konstruktionen leiten ließen; dies ihr Vertrauen zur Natur war durch den Bruch mit der „mechanischen" Naturerklärung nicht zu teuer erkauft, es wurde belohnt durch die grandiose, allen mechanischen Bildern weit überlegene Harmonie, die den von ihnen entdeckten Gesetzen innewohnt.

IV. Die Materie als dynamisches Agens.

Die Erklärung der Kraftübertragung durch die Ausbreitung von Energie und Impuls im kontinuierlichen Felde hat sich im engsten Anschluß an die Erfahrung herausgebildet, und diese Vorstellungsweise durchdringt heute die ganze Physik. Es scheint mir kaum wahrscheinlich, daß die Quantentheorie trotz ihres Sturmlaufs gegen die Wellentheorie des Lichtes dies Element aus der Naturbeschreibung wieder beseitigen wird. Denn will man heute eine feldlose Physik bauen, so müßte man sich insbesondere aller *geometrischen* Begriffe zur Beschreibung der Atome usw. enthalten, da die geometrischen Beziehungen ja auf dem metrischen Felde beruhen! Hingegen ist die *reine* Feldtheorie vorerst nur

---

[1]) W. THOMSON: On Vortex Atoms, Phil. Mag. (4) Bd. 34. 1867; V. BJERK-NES: Vorlesungen über hydrodynamische Fernkräfte (Leipzig 1900); A. KORN: Mechanische Theorie des elektromagnetischen Feldes, Physik. Zeitschrift Bd. 18, 19, 20. 1917/1919.

Hypothese und Programm; den tatsächlichen Betrieb der physikalischen Forschung beherrscht nach wie vor der Dualismus von Materie und Feld. Ihre Verbindung ist *dynamisch*: die Materie erregt das Feld, das Feld wirkt auf die Materie. Achtet man weniger auf das vermittelnde Medium des Feldes, so erscheinen *Stoff und Kraft* als die aufeinander angewiesenen Konstituenten der Welt. „Die Wissenschaft betrachtet", so spricht HELMHOLTZ diesen Standpunkt aus, „die Gegenstände der Außenwelt nach zweierlei Abstraktionen: einmal ihrem bloßen Dasein nach, abgesehen von ihren Wirkungen auf andere Gegenstände oder unsere Sinnesorgane; als solche bezeichnet sie dieselben als Materie. Das Dasein der Materie ist uns also ein ruhiges, wirkungsloses; wir unterscheiden an ihr die räumliche Verteilung und die Quantität (Masse), welche als ewig unveränderlich gesetzt wird. Qualitative Unterschiede dürfen wir der Materie an sich nicht zuschreiben." Auf der anderen Seite legen wir der Materie das Vermögen zur Wirkung bei, nur durch ihre Wirkungen kennen wir sie ja; „eine reine Materie wäre für die übrige Natur gleichgültig, weil sie nie eine Veränderung in dieser oder in unseren Sinnesorganen bedingen könnte; eine reine Kraft wäre etwas, was da sein sollte und doch wieder nicht da ist, weil wir das Dasein Materie nennen". F. A. LANGE in seiner bekannten „Geschichte des Materialismus" faßt das Verhältnis in mehr kritischer Wendung gegen die Materie so: „Der unbegriffene oder unbegreifliche Rest unserer Analyse ist stets der Stoff."

Die *dynamische Vorstellungsweise*, auf die wir schon im Anfang des vorigen Abschnittes kurz eingingen, ist in der Physik vor allem von NEWTON begründet worden. Den historisch überkommenen Substanzbegriff hat er nicht umgestoßen, und so finden wir bei ihm jenen Dualismus aufs schärfste ausgeprägt. Er hat eine Substanz, die ihrem Wesen nach ausgedehnt, starr, undurchdringlich, beweglich, träge ist; hingegen ist die Schwere keine essentielle Eigenschaft der Materie, sondern eine durch sie hindurchgreifende Kraft immaterieller Art[1]). Den Zeitgenossen NEWTONS, soweit sie auf eine geometrische Substanzphysik eingestellt waren, erschien dies als ein schlimmer Rückschritt. In der Tat hatten sich solche Ideen von einem bewegenden Prinzip in der Materie, dem „Archäus",

---

[1]) Principia, Ende des 3. Buches.

seit PARACELSUS namentlich in den Naturanschauungen der Che-
miker und Ärzte fortgepflanzt, oft sich in dunkelm Mystizismus
verlierend. Für KEPLER, den lichten Mystiker, war wie für PLATON
das, was die Planeten in ihrer Bahn bewegt, anfänglich eine Gestirnseele; nur so schien ihm — wie PLATON — der dieser Bewegung
innewohnende νοῦς, die gesetzmäßige Harmonie verständlich[1]).
Später aber, als er immer deutlicher erkannte, daß die Sonne allein
sie an goldenem Zügel durchs Weltall führt, faßte er die Vorstellung des von der Sonne ausstrahlenden Kraftfeldes und beschreibt es als ,,etwas Körperartiges von der Natur des Lichtes".
Er kam noch zu einem falschen Ausbreitungsgesetz, weil er an-
nahm, daß die Ausbreitung nicht im Raume, sondern nur in der
Ebene der Ekliptik geschehe, in der alle Planeten umlaufen.
NEWTON gab dann das genaue Gesetz, und es gelang ihm, daraus
in Verbindung mit dem mechanischen Grundgesetz der Bewegung
und mit Hilfe der von ihm zu diesem Zweck entwickelten Flu-
xionsrechnung die beobachtete Bewegung der Himmelskörper
auf das vollkommenste zu erklären. Mit großer methodischer
Klarheit umriß er das Gebiet der exakten Naturwissenschaft als

---

[1]) Für PLATON sind die Gestirne ,,beseelte Körper", weil sie sich im
leeren Weltraum von selbst harmonisch bewegen (die Astronomie der Unter-
italiker um ARCHYTAS!), ohne, wie noch DEMOKRIT gemeint hatte, von anderen Körpern, z. B. dem Luftdruck, angetrieben zu werden. ,,Darum", heißt
es am Schluß der Gesetze, ,,ist es heute gerade umgekehrt wie zu den Zeiten,
wo die Forscher (ANAXAGORAS und DEMOKRIT) sich die Weltkörper noch tot
(ἄψυχα) dachten. Bewunderung schlich sich vor den Gestirnen wohl schon
damals ein, und man ahnte wohl schon damals, was heute als Tatsache gilt,
wenn man die Genauigkeit ihrer Bewegungen sah; denn wie könnten tote
Körper, wenn kein Verstand (νοῦς) in ihnen ist, so wunderbare mathematische Genauigkeit dabei zeigen . . ., und es gab schon damals einige, die den
Mut hatten, es offen auszusprechen, daß *Verstand* es sei, was alle kosmischen
Erscheinungen im Raum beherrsche." — ARISTOTELES ersetzt die Selbst-
bewegung durch den göttlichen ,,unbewegten ersten Beweger". — Bei
KEPLER vergleiche man den Schlußhymnus in seinem *Prodromos*, wo es heißt:
    Ast ego, quo *credam spatioso Numen in orbe,*
    Suspiciam attonitus vasti molimina coeli;
für die Lehre von der Schwerkraft namentlich Abschnitt XXXIII der *Astro-
nomia nova*, für den Übergang von der Gestirnseele zur mechanischen Auffassung Abschnitt XXXIX und LVII ebendort. Aber auch hier fällt es mir
noch schwer, die in den Gesetzen sich ausdrückende funktionelle Verknüp-
fung und den Gehorsam der Planeten gegen sie anders zu verstehen als durch
eine Planetenseele, welche das Bild der Sonne in seiner wechselnden Größe in
sich aufnimmt.

die Erkenntnis der funktionellen Gesetze, welche zwischen den an den Erscheinungen meßbaren Größen bestehen, innerhalb der Naturforschung die Frage nach dem „Wesen" — die für ihn im übrigen keineswegs bedeutungslos war — mit seinem *Hypotheses non fingo* abschneidend.

Der klassische Philosoph der dynamischen Weltvorstellung aber ist LEIBNIZ, der in unübertrefflicher Schärfe die Metaphysik des Kraftbegriffes ausgesprochen hat. Für ihn liegt das Reale an der Bewegung nicht in der reinen Lageveränderung, sondern in der bewegenden Kraft. „La substance est un être capable d'action — une force primitive" — überräumlich, immateriell. Der entscheidende Gedanke der *Aktion*, des Grundseins von etwas, des Aus-sich-Erzeugens tritt hier ganz in den Mittelpunkt. Das letzte Element ist der dynamische Punkt, aus welchem die Kraft als eine jenseitige Macht hervorbricht, eine unzerlegbare ausdehnungslose Einheit: *die Monade*. Die einzige Größenbestimmung, welche man zunächst an einen Körper heranbringen kann, ist: die Anzahl der Wirkungspunkte, aus denen er besteht; nur mit Rücksicht auf ihre Verteilung im *Raume* wird der Körper als ein *ausgedehntes* Agens bezeichnet. Nichts von Solidität und von Substanz als einem meßbaren Quantum! Die Kraft bleibt für ihn etwas Spirituelles, „eine gewisse Intelligenz, welche mit metaphysischen Gründen rechnet" (vgl. die eben zitierten Äußerungen PLATONS). Doch bleibt es bei der *aktiven Einzelwirkung*, die Möglichkeit für das Verständnis der Wechselwirkung zwischen Individuen ist noch nicht gewonnen; die prästabilierte Harmonie täuscht, gleich einem in phantastischen Farben erstrahlenden Dunstschleier, des furchtbaren Abgrundes Überbrückung vor, der zwischen Monade und Monade klafft. (Hier füllt für uns heute das *Feld* die Lücke.)

Wir erwähnten oben den Briefwechsel zwischen HUYGHENS und LEIBNIZ. Während HUYGHENS alle dynamischen Vorstellungen aus der Erklärung des Stoßes der Atome verbannt wissen will und sich allein auf die Solidität der Substanz und die Prinzipe der Erhaltung von Energie und Impuls stützt, ist für LEIBNIZ dieser Huyghenssche Stoß schon darum unmöglich, weil dabei ein momentaner Sprung der Geschwindigkeit stattfindet; denn auch beim Stoß muß nach seiner Überzeugung die Geschwindigkeit *kontinuierlich* zu Null herabsinken, ehe sie in die entgegengesetzte umschlagen kann. Endlich hat der menschliche Geist Fuß gefaßt

im Kontinuum und den uns heute so selbstverständlich gewordenen
Sinn für die Kontinuität erworben[1])! Im Stoß betätigt sich nach
LEIBNIZ die *Elastizität* als eine nach bestimmtem Gesetz wirkende
Aktion der materiellen Elementarbestandteile. Neben die repulsive tritt zur Erklärung des Zusammenhalts der Körper die anziehende Kraft. Im gleichen Sinne verwirft NEWTON die haken-
förmigen Atome als eine Erklärung, die nichts erklärt, und fährt
fort: „Ich möchte aus dem Zusammenhang der Körper lieber
schließen, daß die Teilchen derselben sich sämtlich gegenseitig mit
einer Kraft anziehen, welche in der unmittelbaren Berührung
selbst sehr groß ist, in kleiner Entfernung die chemischen Wirkungen zur Folge hat, bei weiteren Distanzen jedoch keine merk-
lichen Wirkungen ausübt." Das Atom wird zum „Kraftzentrum".
Als solches ist es selbstverständlich kugelförmig (während nach
der Substanztheorie kein entscheidender Grund für die Kugelgestalt der Atome bestand); diese Aussage bedeutet hier nichts
anderes, als daß die Intensität des Kraftfeldes wegen der Isotropie
des Raumes nur eine Funktion der *Entfernung* sein kann. So hat
insbesondere MAXWELL die kinetische Gastheorie durchgeführt,
indem er den Huyghensschen Stoß (Kraft, welche für alle Entfernungen r oberhalb einer gewissen Größe a, dem Atomradius,
gleich Null ist, für Werte $r \leqq a$ aber sogleich unendlich groß wird)
ersetzte durch eine repulsive Kraft, welche umgekehrt proportional
der fünften Potenz der Entfernung abnimmt. CAUCHY und AM-
PÈRE bekennen sich klar zu der Auffassung, daß die Zentren
Punkte im strengsten Sinne, ohne Ausdehnung sind[2]). In den
„metaphysischen Anfangsgründen der Naturwissenschaft" apriorisiert KANT (unter Ablehnung der Atomtheorie) die zu seiner Zeit
herrschenden Anschauungen der Newtonschen Physik, indem er
die Materie aus dem Gleichgewicht zwischen anziehender und re-

---

[1]) Wie schwierig es noch den Zeitgenossen GALILEIS war, die Vorstellung
einer kontinuierlich anwachsenden Geschwindigkeit zu fassen, geht aus der
ausführlichen Diskussion darüber im „Dialog über die beiden hauptsäch-
lichsten Weltsysteme" hervor. (Übersetzung von E. STRAUSS, Teubner
1891, S. 21—30.)

[2]) Auch diese Ansicht ist schon im Altertum vorgebildet durch die
Pythagoreer, die so offenbar das Feldkontinuum des ANAXAGORAS mit dem
Atomismus DEMOKRITS versöhnen wollten. Sie findet sich außerdem, aus
analogen Motiven entsprungen, bei BOSCOVICH und in KANTS Jugendwerk
„Physische Monadologie".

pulsiver Kraft verstehen will, wie er mit seiner „ersten Analogie der Erfahrung" in der „Kritik der reinen Vernunft" den historisch überkommenen Substanzbegriff apriorisiert hatte[1]). BERZELIUS faßt zuerst den Gedanken, daß die chemische Affinität *elektrischer* Natur sei. Heute ist es schon in beträchtlichem Ausmaße gelungen, aus den zwischen den Atomen, genauer: zwischen den Elektronen und Atomkernen wirkenden elektrischen Kräften den Aufbau der Körper, ihr elastisches, thermisches, elektrisches, magnetisches, optisches und chemisches Verhalten zu erklären; namentlich in den beiden extremen Zuständen der Materie, dem gasförmigen und dem kristallinen.

Wir haben im Abschnitt III nur von den Gesetzen der Wirkungsausbreitung im Felde gesprochen, da die reine Feldtheorie nur mit solchen Naturgesetzen rechnet; daneben spielen aber heute tatsächlich noch andersartige Gesetze eine Rolle, welche angeben, *wie das Feld von der Materie erregt wird.* Die ganze moderne Physik der Materie, die Quantentheorie, handelt von dieser Frage; und man gewinnt immer mehr den Eindruck, daß es aussichtslos ist, die da sich enthüllenden, weitgehend von der ganzen Zahl beherrschten Tatsachen von der reinen Feldtheorie aus zu verstehen. Es kommt ein anderer prinzipieller Punkt hinzu. Nach den in der Feldtheorie gültigen Gesetzen vom Typus der Maxwellschen Gleichungen kann der Zustand des Feldes inklusive der Materie in einem Augenblick willkürlich vorgegeben werden; dadurch ist dann aber der ganze Ablauf, Vergangenheit und Zukunft, eindeutig determiniert, indem die Feldgesetze je zwei unmittelbar in der Zeit aufeinander folgende Feldzustände verknüpfen. In dieser Form gilt hier das Kausalitätsprinzip[2]). Die Erfahrung spricht aber mit großer Deutlichkeit für eine andere Kausalität, nämlich dafür, daß die Materie das Feld bestimmt und dieses nur durch die Materie hindurch beeinflußt werden kann; unser willentliches Handeln muß primär stets an der Materie angreifen, auf keinem

---

[1]) Nichts illustriert vielleicht besser seine Zeitgebundenheit als sein Versuch, mit metaphysischen Gründen die anziehende Kraft als eine unmittelbar in die Ferne, die abstoßende als eine nur in der Berührung wirkende zu erweisen.

[2]) Kürzlich hat EINSTEIN den Gedanken ausgesprochen, durch überbestimmte Gleichungen im Rahmen der Feldtheorie den Quantentatsachen zu Leibe zu rücken. Sitzungsber. d. Preuß. Akad. d. Wissensch. 1923, S. 359.

anderen Wege können wir ein elektromagnetisches Feld erzeugen
oder verändern (8). Aus diesem Grunde scheint mir auch heute
noch eine dynamische Theorie der Materie am aussichtsreichsten:
*die Materie ein felderregendes Agens, das Feld ein extensives Medium,
das die Wirkungen von Körper zu Körper überträgt.* Zu dieser Funktion ist es befähigt durch die in den Feldgesetzen sich ausdrücken-
den Bindungen des inneren differentiellen Zusammenhangs der
möglichen Feldzustände; von der Materie aber hängt es ab, welche
dieser Möglichkeiten hier und jetzt zur Wirklichkeit werden.

Die einzige statische kugelsymmetrische Lösung der Maxwellschen Gleichung div $\mathfrak{E} = 0$ ist, wie wir schon oben erwähnten,

das radiale Feld von der Stärke $E = \dfrac{\varepsilon}{4\pi r^2}$; es schickt durch jede

um das Zentrum geschlagene Kugel den gleichen Fluß ε hindurch.
Nur ein solches Feld kann also im statischen Zustand von einem
im Zentrum liegenden „dynamischen Punkte" k ausgehen; wir
nennen ε dessen „*felderregende* oder *aktive Ladung*". Die Kraft,
welche in seinem Felde ein zweiter dynamischer Punkt k' erfährt,
der sich in der Entfernung r von ihm befindet, ist $= e' E$, wo e'
nur vom Zustand dieses zweiten Korpuskels abhängt; wir bezeichnen e' als dessen „*passive Ladung*". Durch Kombination dieser
beiden Gesetze ergibt sich die Coulombsche Wechselkraft von k

auf k' zu $\dfrac{\varepsilon e'}{4\pi r^2}$. Nach dem Gesetz von der Erhaltung des Impulses

muß, wenn wir es auf das abgeschlossene System der beiden Körper
k, k' anwenden, die Kraft, mit welcher k' auf k wirkt, der Kraft
von k auf k' entgegengesetzt gleich sein; das liefert, wenn e die
passive Ladung von k, ε' die felderregende Ladung von k' bedeutet, die Gleichung

$$\varepsilon e' = \varepsilon' e \quad \text{oder} \quad \frac{e'}{\varepsilon'} = \frac{e}{\varepsilon}.$$

Für alle Körper hat also das Verhältnis $\dfrac{e}{\varepsilon}$ den gleichen Wert; indem

wir es $= 1$ setzen und damit das Gesetz von der *Gleichheit der
passiven mit der aktiven Ladung* gewinnen, normieren wir lediglich
die Wahl der Maßeinheit für die Ladung. Drücken wir die Kraft,
welche ein Körper k auf einen andern k' ausübt, aus durch den
Impulsstrom, welcher pro Zeiteinheit durch eine geschlossene, k

von k' trennende Fläche im Felde hindurchtritt, so wird das hier verwendete Gesetz der Gleichheit von actio und reactio zur Selbstverständlichkeit, da der Fluß, welcher durch jene Fläche in der einen Richtung (von innen nach außen) hindurchtritt, mathematisch gleich ist dem mit dem negativen Vorzeichen versehenen, in der anderen Richtung (von außen nach innen) hindurchgehenden Fluß. Die Kraftübertragung durch den im Felde fließenden Impulsstrom macht es also restlos verständlich, wie es kommt, daß die *aktive* Ladung ε — definiert als der Fluß, den das elektrische Feld $\mathfrak{E}$ durch eine das Korpuskel k umschließende Hülle im Felde hindurchschickt — zugleich als *passive* Ladung fungiert und als solche die Intensität bestimmt, mit welcher das Teilchen von irgendeinem gegebenen elektrischen Felde attackiert wird. Genau die gleiche Überlegung kann man in der Newtonschen Gravitationstheorie anstellen hinsichtlich der felderregenden oder *aktiven Masse* μ, welche das ein Korpuskel umgebende Gravitationsfeld bestimmt, und der passiven oder *schweren Masse* m, zu welcher die Intensität proportional ist, mit der ein gegebenes Gravitationsfeld auf dieses Korpuskel wirkt. In der Tat sind ja die Gesetze der Newtonschen Gravitationstheorie völlig analog zu denen der Elektrostatik; nur hat man in diesem Falle die Maßeinheit für die Masse nicht so normiert, daß die „Gravitationskonstante"

$\dfrac{\mu}{m}$, welche für alle Körper den gleichen Wert hat, $= 1$ ist, sondern sie ist im CGS-System $= 6{,}7 \cdot 10^{-8}$. Aus der Planetenbewegung kann man direkt nur die aktive Masse der Sonne und der Planeten entnehmen; es war ein an der Erfahrung nicht zu kontrollierender, nur durch das Prinzip der Gleichheit von actio und reactio berechtigter hypothetischer Ansatz, wenn NEWTON daraus ihre schwere Masse ableitete. Umgekehrt messen wir an unseren irdischen Körpern mit der Wage die schwere Masse; erst durch die Konstatierung, daß auch von ihnen ein schwaches Gravitationsfeld ausgeht, und durch dessen Messung konnte der Wert der Gravitationskonstanten (immer noch wenig genau genug) festgelegt werden. Durch EINSTEINS Relativitätstheorie wurde ferner die bis dahin empirisch konstatierte, aber ganz rätselhafte *Gleichheit von träger und schwerer Masse* als Wesensgleichheit erkannt. Das Resultat der Newtonschen Gravitationstheorie, die Proportionalität zwischen schwerer und felderregender Masse, geht in

ihr nicht verloren, ebensowenig die Darstellung der Masse als ein
Fluß, den das Gravitationsfeld durch eine das Korpuskel umschlie-
ßende gedachte Hülle im Felde hindurchsendet[1]). *Als Ursache
der Trägheit erscheint* also jetzt nicht mehr, wie es die spezielle
Relativitätstheorie nahegelegt hatte, die im Teilchen konzentrierte
Energie, sondern *der Fluß des umgebenden Gravitationsfeldes.* Die
Sachlage ist somit die folgende: Die statische kugelsymmetrische
Lösung der Feldgleichungen des gravi-elektromagnetischen Feldes
enthält zwei Konstanten, ε und μ, „Ladung" und „Masse"; sie
bezeichnen unveränderliche Eigenschaften des felderzeugenden
Teilchens, z. B. des Elektrons. Durch das Teilchen ist das Feld
in seiner unmittelbaren Umgebung vollständig bestimmt. Die
Gültigkeit der mechanischen Gleichungen, in denen μ als träge und
schwere Masse, ε als passive Ladung auftrifft, ergibt sich daraus,
*daß sich dieses Eigenfeld des Elektrons in den außerhalb des Teil-
chens herrschenden, durch die Feldgesetze vom Typus der Maxwellschen Gleichungen geregelten Feldverlauf einpassen muß.* Man hat
hier den Unterschied zwischen „Natur" und „Orientierung" des
Eigenfeldes zu machen. Es haben z. B. alle Quadrate in der Geometrie die gleiche *Natur;* denn es gibt keine geometrische (nur von
dem Quadrat handelnde und es nicht zu anderen geometrischen
Gebilden in Beziehung setzende) Eigenschaft, welche *einem* Quadrat
zukäme, einem andern aber nicht; verschiedene Quadrate unterscheiden sich vielmehr lediglich durch ihre *Orientierung.* In analogem Sinne ist die Natur seines Eigenfeldes durch das Teilchen
vollständig bestimmt, hierin bewährt die „Monade" ihre reine,
von nichts Fremdem abhängige Aktivität. Allein hinsichtlich der
Orientierung, die gar nicht absolut, sondern nur relativ zum einbettenden Gesamtfeld faßbar ist, *erleidet* es auch eine Rückwirkung
vom Felde. Das Feld zu erregen, ist die wesentliche Funktion der
Materie, die Rückwirkung ist sekundär; die mechanischen Gleichungen sind eine Folge der Gesetze für die Erregung und Ausbreitung des Feldes.

Im Gegensatz zu der Meinung von CAUCHY und AMPÈRE hat
man dem Elektron einen endlichen Radius zugeschrieben, weil
sonst die Energie des elektrostatischen Feldes und damit seine
träge Masse unendlich groß wird. Aber die eben erwähnte Formel

---

[1]) Vgl. WEYL: Raum, Zeit, Materie (5. Aufl., Springer 1923), S. 275
und § 38.

für das ein dynamisches Zentrum kugelsymmetrisch umgebende
Feld enthält die Masse μ, und diese hat offenbar gar nichts damit
zu tun, bis zu wie kleinen Werten der Entfernung r herab wir jene
Feldformel anwenden. Die Aufklärung liegt in der Darstellung
von μ mittels des Flusses, den das Gravitationsfeld durch eine das
Teilchen in hinreichend. großer Entfernung umgebende Kugel Ω
hindurchschickt; läßt man den Radius von Ω zu 0 abnehmen, so
strebt jener Fluß nicht gegen 0, sondern gegen $-\infty$. Das Zentrum
ist eine Singularität im Felde. Nun ist es gewiß physikalisch unmöglich, daß der Verlauf der Zustandsgrößen irgendwo im Innern
des extensiven vierdimensionalen Mediums der Welt wirkliche
Singularitäten aufweist; und darum war das Bestreben der Mieschen Theorie berechtigt, durch Modifikation der Feldgleichungen
den schmalen tiefen Schlund, der sich im Gebiete eines Elektrons
im Felde öffnet und von welchem wir aus der Erfahrung höchstens
die Randböschung kennen, durch ein regulär verlaufendes, qualitativ dem äußeren gleichartiges Feld, etwa nach Art der Formel (16),
auszufüllen. In der allgemeinen Relativitätstheorie aber, die mit
der Gültigkeit der Euklidischen Geometrie aufgeräumt hat, *brauchen wir dem Raum auch nicht mehr die Zusammenhangsverhältnisse
des Euklidischen Raumes zuzuschreiben*; er kann vielfach zusammenhängend sein wie das nebenstehend gezeichnete
und schraffierte zweidimensionale Gebiet G und
außer dem einen unendlich fernen Saume noch
andere innere, den materiellen Elementarteilchen
entsprechende Säume besitzen. (Im vierdimensionalen Raum-Zeit-Kontinuum treten an Stelle
der begrenzten „Löcher" Kanäle oder Schläuche,
welche sich in eindimensional unendlicher Erstreckung durch die Welt hindurchziehen; hier
liegt die physikalische Grundlage für die im an-
schauenden Bewußtsein sich vollziehende Spal-
tung des Weltkontinuums in Raum und Zeit.) Die Säume

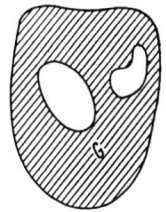

Abb. 2. Mehrfach
zusammenhän-
gendes Gebiet.

selber sind dabei vom Felde aus etwas Unerreichbares, gehören
nicht mehr zum Feldgebiet, *im Innern dieser Säume ist kein
Raum mehr*. Das weiße Papierblatt, auf welchem das Gebiet G
steht, ist nur wie ein Wandschirm, auf welchen die Wirklichkeit G
zum Zwecke ihrer bequemeren Beschreibung projiziert ist. Für
ein „ganz im Endlichen gelegenes", d. h. nicht an die Säume heran-

reichendes Stück S des Raumes gilt dann wohl der Satz, daß der
durch die Oberfläche von S hindurchtretende Gravitationsfluß,
durch welchen wir die eingeschlossene Masse definierten, gleich der
in S enthaltenen Feldenergie ist, welche sich offenbar durch ein
über S zu erstreckendes Raumintegral ausdrückt; nicht aber gilt
dies für ein ins Unendliche reichendes, d. h. Materie enthaltendes
Gebiet. Das Argument, daß die elektrische Ladung im Elektron
auf einen endlichen Raum ausgedehnt sein müsse, weil es sonst
eine unendlich große träge Masse besitzen würde, hat damit seine
Stichhaltigkeit verloren. Man kann überhaupt nicht sagen: hier
ist Ladung, sondern nur: diese im Felde verlaufende geschlossene
Fläche schließt Ladung ein. Die Frage nach den Kräften, welche
die negative Ladung im Elektron zusammenhalten, wird ganz
gegenstandslos[1]).

So ermöglicht die allgemeine Relativitätstheorie in über-
raschender Weise, die Leibnizsche Agenstheorie der Materie durchzuführen. *Danach ist das Materieteilchen* selber nicht einmal ein
Punkt im Feldraume, sondern *überhaupt nichts Räumliches* (Extensives), aber es steckt in einer räumlichen Umgebung drin, von
welcher seine Feldwirkungen ihren Ausgang nehmen. Es ist darin
analog dem Ich, dessen Wirkungen, trotzdem es selber unräum-
licher Art ist, durch seinen Leib hindurch jeweils an einer bestimmten Stelle des Weltkontinuums entspringen. Was dieses felderregende Agens aber seinem inneren Wesen nach auch sein mag —
vielleicht Leben und Wille —, in der Physik betrachten wir es nur
nach den von ihm ausgelösten Feldwirkungen und können es auch
nur vermöge dieser Feldwirkungen zahlenmäßig charakterisieren
(Ladung, Masse). So hat es die Physik im Grunde doch allein mit
dem Felde zu tun, jenem extensiven strukturbegabten Medium,
das alle die verschiedenen inextensiven materiellen Individuen zu
dem Wirkungsganzen einer *Außenwelt* zusammenbindet. Auch der

---

[1]) Doch kann man natürlich nach wie vor von einem Radius des Elektrons sprechen im Sinne des Zusatzes (6) zu S. 35. — Auch hier lassen sich Möglichkeiten für die Erklärung der Gleichartigkeit aller Elektronen denken;
der Umstand, daß die Gravitationsanziehung zweier Elektronen ungefähr
10^{42} mal so schwach ist wie die elektrische Abstoßung, das Auftreten einer
reinen, dimensionslosen Zahl von dieser Größenordnung am Elektron, ist
ohnehin ein böses Fragezeichen für die Miesche Auffassung; das scheint
darauf hinzuweisen, daß für die Konstitution des einzelnen Elektrons die
Anzahl aller in der Welt vorhandenen Elektronen von Bedeutung ist.

„geistigste" Verkehr von Seele zu Seele, der gebunden bleibt an den leiblichen Ausdruck, kann nicht anders als durch Fortpflanzung von Wirkungen in diesem Medium zustande kommen. Hier haben wir also, was LEIBNIZ noch fehlte, das Medium der Kommunikation für die Monaden. Indem jede, rein nach eigenem Gesetz, ihre Aktion in dieses Medium wie in ein gemeinsames Becken einfließen läßt, kommt durch dessen an die Feldgesetze gebundenen strukturellen Zusammenhang die Wechselwirkung zustande. Und es kann vielleicht die These, aus der heraus die Naturwissenschaft den Spiritismus und ähnliches ablehnt, nicht schärfer formuliert werden als dahin: Alle Verbindung zwischen Individuen und alle gegenseitige Beeinflussung kann nur mittels der nach den physikalischen Feldgesetzen im extensiven Medium der Außenwelt sich vollziehenden Ausbreitung von Feldwirkungen zustande kommen. Von der Gesetzmäßigkeit der Auslösungsvorgänge wissen wir heute noch herzlich wenig; die Quantentheorie ist da wohl das erste anbrechende Licht.

Was ist Materie? — Nach der Vernichtung der Substanzvorstellung schwankt heute die Wage zwischen der dynamischen und der Feldtheorie der Materie. Eine Antwort in wenigen Worten läßt sich nicht geben und wird sich niemals geben lassen; das bedeutet aber kein ignorabimus. Wir werden um so besser wissen, was die Materie ist, je vollständiger wir die Gesetze des materiellen Geschehens erkannt haben werden, und auf etwas anderes kann diese Frage überhaupt nicht zielen. Alle Begriffe und Aussagen einer theoretischen Wissenschaft, wie es die Physik ist, stützen sich gegenseitig. Statt vor eine kurze endgültige Formel, die man schwarz auf weiß nach Hause tragen kann, stellt uns diese Frage wie alle Fragen grundsätzlicher Art vor eine unendliche Aufgabe.

Massenträgheit und Kosmos.

Ein Dialog.

I. Und sie bewegt sich doch!

Petrus. Lieber Freund! Als wir uns gestern abend nach langer Trennung wiedersahen, mußte ich während unseres Gesprächs beständig an die Zeit von 1915 zurückdenken, die uns zuerst in gemeinsamem eifrigen Studium der Relativitätstheorie zusammenführte, in gemeinsamer Begeisterung und gemeinsamen Zukunftsträumen. Damals glaubten wir ja fast, das Weltgesetz schon in Händen zu haben, das alle Erscheinungen restlos erklärte! Seither habe auch ich wohl Kritik gelernt und bin „weiser" geworden. Aber das hat mich doch fast schmerzlich betroffen, daß du dich sogar von der Grundidee losgesagt zu haben scheinst, die ich nach wie vor als den Kernpunkt der neuen Lehre ansehen muß. Laß uns heute ausführlich darüber sprechen, warum du nicht mehr glaubst, daß *(M) die Trägheit eines Körpers durch das Zusammenwirken aller Massen des Universums zustande kommt.* O Saulus! Saulus! wie kannst du dich so gegen die offen zutage liegende Wahrheit verstocken! — Nimm etwa das Foucaultsche Pendel. NEWTONS Meinung war: die Ebene, in welcher das Pendel schwingt, bleibt erhalten im absoluten Raum; die Fixsterne stehen auch fast still im absoluten Raum. Deshalb geht die Pendelebene mit den Fixsternen mit und rotiert relativ zur Erde. EINSTEIN aber erklärte: Es gibt nur relative Bewegungen; das Zwischenglied des absoluten Raumes ist so fragwürdig wie überflüssig. Nicht dieses Gespenst, sondern die wirklich vorhandenen ungeheuren Fixsternmassen des ganzen Kosmos halten oder führen die Pendelebene. Die Erde plattet sich ab, weil sie — nicht absolut, sondern relativ — zu den Fixsternen rotiert. Wenn du diese Auffassung ableugnest, so weiß ich nicht, was überhaupt noch von der allgemeinen Relativitätstheorie übrigbleibt.

Paulus. Und doch ist es so — da hast du gestern abend ganz richtig gehört —, daß ich deine eben ausgesprochene Überzeugung nicht mehr zu teilen vermag; und wenn hier der Fels liegt, auf dem die Relativitätskirche steht, o Petrus!, so bin ich in der Tat ein Abtrünniger geworden. Aber um dich über meine Ketzerei ein wenig zu beruhigen, gestehe ich dir zunächst einmal unumwunden zu: Wenn jene auf MACH zurückgehende Deutung sich wirklich durchführen ließe, wäre sie auch mir außerordentlich sympathisch; sie gibt eine einfache, anschauliche und in sich kräftige Antwort auf das Problem der Bewegung. Kein Zweifel auch, daß sie — neben der Gleichheit von schwerer und träger Masse — für EINSTEIN das wichtigste Motiv war zur Ausbildung der allgemeinen Relativitätstheorie. Endlich bin ich mit dir darin einverstanden, daß man in einer derartigen konkreten Aussage physikalischen Inhalts den Kernpunkt der Theorie suchen muß, nicht aber in einem formal-mathematischen Prinzip wie dem von der Gleichberechtigung aller Koordinatensysteme. Dies Prinzip, das unglücklicherweise der Theorie ihren Namen gegeben hat, ist ja im Grunde ganz inhaltsleer; denn die Naturgesetze lassen sich unter allen Umständen, sie mögen lauten wie sie wollen, „invariant gegenüber beliebigen Koordinatentransformationen" formulieren. Ebenso ist das kinematische Prinzip von der Relativität der Bewegung für sich nichtssagend, wenn nicht die physikalische Voraussetzung hinzutritt, daß (C) *alle Geschehnisse kausal eindeutig bestimmt sind durch die Materie, d. h. durch Ladung, Masse und Bewegungszustand der Elementarbestandteile der Materie.* Erst dann erscheint es auf Grund jenes Prinzips als grundlos und unmöglich, daß eine Wassermasse, auf welche keine Kräfte von außen wirken, im stationären Zustand einmal die Gestalt einer („ruhenden") Kugel, ein andermal die eines („rotierenden") abgeplatteten Ellipsoids annimmt.

Petrus. Erfreut bin ich darüber, daß du den Grundsatz *C* so klipp und klar aussprichst; von ihm wird in der Tat all unser kausales Denken in der Physik geleitet. Niemand ist imstande, auf ein Stück elektromagnetischen Feldes anders einzuwirken als dadurch, daß er die das Feld erzeugende Materie anpackt. „Alle Naturgewalt ist in den Körpern selbst enthalten und begründet", sagt schon GILBERT. Aber wie kannst du dann daran zweifeln, daß die Trägheitsführung der Körper erzeugt wird durch die kosmischen Massen?

Paulus. Du hast recht: Ich für meine Person kann C nicht auf-
rechterhalten, weil ich die Undurchführbarkeit von M a priori
einsehe. Ich behaupte nämlich, daß (*A*) *nach der allgemeinen
Relativitätstheorie der Begriff der relativen Bewegung mehrerer getrennter Körper gegeneinander ebensowenig haltbar ist wie der der
absoluten Bewegung eines einzigen.*

Petrus. Wie? Du leugnest also, daß die Fixsterne sich relativ
zur Erde drehen, und meinst, man könne ebensogut sagen, sie
ruhten? Wir sehen doch aber Nacht für Nacht, wie sich der
Sternenhimmel dreht!

Paulus. Was sich nach dem Zeugnis unseres Gesichtssinns
um die Erde dreht, sind nicht die Sterne, sondern der „Sternenkompaß", welcher hier an der Stelle, wo ich mich befinde, gebildet
wird von den Richtungen der Lichtstrahlen, die in einem Augenblick von den Sternen her auf mein Auge treffen. Und das ist ein
wesentlicher Unterschied; denn zwischen den Sternen und meinem
Auge befindet sich das „metrische Feld", welches die Lichtausbreitung determiniert und nach der Relativitätstheorie ebenso ver-
änderungsfähig ist wie das elektromagnetische. Dieses metrische
Feld ist für die Richtung, in der ich einen Stern erblicke, nicht
minder wichtig wie der Ort des Sternes selbst (**1**). — Wäre der
Raum nach der Vorstellung der alten Lichttheorie von einem
substantiellen Äther lückenlos erfüllt, so hätte die Frage natürlich einen klaren Sinn, ob ein kleiner Körper in einem Augenblick
relativ zu dem am Körperort befindlichen Äther sich bewegt oder
nicht. Hier wird der Bewegungszustand zweier Substanzen miteinander verglichen, die sich an der gleichen Stelle befinden, die
sich überdecken. Aber wie sollte es in der allgemeinen Relativitätstheorie möglich sein, den Bewegungszustand zweier *getrennter*
Körper miteinander zu vergleichen? Zur Zeit MACHS freilich, als
man noch den starren Bezugskörper hatte, war das möglich; da
konnte man sich eine Masseninsel, wie es unsere Erde ist, als
starren Körper, dessen Maßverhältnisse ein für allemal durch die
Euklidische Geometrie festgelegt sind, ideell über den ganzen
Raum erweitert denken, und dann etwa konstatieren, daß die
Sonne sich relativ zu ihm bewegt. Aber unter den Händen EIN-
STEINS hat sich das Koordinatensystem so erweicht (EINSTEIN
selber spricht ja gelegentlich von einem „Bezugsmollusken"), daß
es sich simultan der Bewegung aller Körper in der Welt anzu-

schmiegen vermag; du kannst sie, wie sie sich auch bewegen mögen, mit einem Schlage alle „auf Ruhe transformieren". Denk' dir die vierdimensionale Welt als eine Plastelinmasse, die von einzelnen sich nicht schneidenden, aber sonst ganz unregelmäßig verlaufenden Fasern, den Weltlinien der Materieteilchen, durchzogen ist: du kannst das Plastelin stetig so deformieren, daß nicht nur eine, sondern alle Fasern vertikale Gerade werden. Wenn ich die vertikale Achse als Zeitachse deute, heißt das: jeder Körper verharrt an seiner Stelle im Raum. Wendest du das an auf die Fixsterne und stellst dir vor, daß auch das metrische Feld, die im Plastelin verlaufenden Kegel der Lichtausbreitung von der Deformation mitgenommen werden, so ruhen die Erde und alle Fixsterne in dem durch das Plastelin dargestellten Bezugssystem, aber der Sternenkompaß dreht sich dennoch in bezug auf die Erde genau so, wie wir es beobachten.

Petrus (nach einer Pause). Ja ... ich kann dagegen nichts Stichhaltiges vorbringen. Der Gedanke liegt ja eigentlich ganz auf der Hand. Du kommst also zu dem Schluß, daß unabhängig vom metrischen Feld der gegenseitige Bewegungszustand der verschiedenen Körper in der Welt ein reines Nichts ist; und wenn C zu Recht bestünde, so könnte das Weltgeschehen nur abhängen und müßte eindeutig bestimmt sein allein durch Ladung und Masse aller Materieteilchen. Da dies offenbar absurd ist — so darf ich deinen Gedanken wohl weiter spinnen —, muß jenes Kausalprinzip preisgegeben werden. Insbesondere kannst du die Abplattung der Erde ebensowenig mit MACH und EINSTEIN auf ihre Rotation relativ zu den Fixsternen zurückführen, wie mit NEWTON auf ihre absolute Rotation. — Vorläufig fehlt mir diesem Radikalismus gegenüber jeder Halt ... aber mein Gefühl sträubt sich noch durchaus dagegen, deiner allgemeinen und abstrakten Idee zuliebe eine so positive und befriedigende Anschauung wie die von der Erzeugung der Trägheitsführung durch die Weltmassen preiszugeben. Du leugnest, daß sie sich durchführen lasse; aber hat nicht EINSTEIN bereits geleistet, was du leugnest, — in jener Arbeit, in der er seine ursprünglichen Gravitationsgesetze durch das „kosmologische Glied" erweiterte[1]? Angesichts der geschehenen Tat ist jeder Beweis ihrer Unmöglichkeit hinfällig.

---

[1] Sitzungsber. d. Preuß. Akad. d. Wissensch. 1917, S. 142.

Paulus. Ich kann dir nur erwidern, wenn wir uns zunächst des gemeinsamen Fundaments vergewissert haben, von dem wir beide ausgehen. Mir scheint, daß man den konkreten physikalischen Gehalt der Relativitätstheorie fassen kann, ohne zu dem ursächlichen Verhältnis zwischen Weltmassen und Trägheit Stellung zu nehmen. Seit GALILEI und NEWTON sehen wir in der Bewegung eines Körpers den Kampf zweier Tendenzen, *Trägheit* und *Kraft.* Nach alter Annahme beruht die Beharrungstendenz, die „Führung", welche dem Körper seine natürliche, *die Trägheitsbewegung,* erteilt, auf einer formal-geometrischen Struktur der Welt (gleichförmige Bewegung in gerader Linie), welche ihr ein für allemal, unabhängig und unbeeinflußbar durch die materiellen Vorgänge, innewohnt. Diese Annahme verwirft EINSTEIN; denn was so mächtige Wirkungen tut wie die Trägheit — z. B. wenn sie bei einem Zugzusammenstoß im Widerstreit mit den Molekularkräften der beiden aufeinanderfahrenden Züge die Wagen zerreißt —, muß etwas Reales sein, das seinerseits Wirkungen von der Materie erleidet. Und in den Gravitationserscheinungen, so erkannte EINSTEIN weiter, verrät sich des „Führungsfeldes" Veränderlichkeit und Abhängigkeit von der Materie. An dem Dualismus von Führung und Kraft wird also festgehalten; (*G*) *aber die Führung ist ein physikalisches Zustandsfeld* (wie das elektromagnetische), *das mit der Materie in Wechselwirkung steht. Die Gravitation gehört zur Führung und nicht zur Kraft*; nur so wird die Gleichheit von schwerer und träger Masse von Grund aus verständlich.

Petrus. Und das Führungsfeld läßt sich nicht ohne Willkür in einen homogenen konstanten Bestandteil, die Galileische Trägheit, und einen variablen, die Newtonsche Gravitation, zerlegen; das Vorhandensein einer starren geometrischen Struktur wird geleugnet. — Ja, mit dieser Beschreibung bin ich ganz einverstanden. Und auch dein Terminus „Führungsfeld" für die durch EINSTEIN aufgestellte Einheit von Trägheit und Gravitation gefällt mir gut, weil er die physikalische Rolle und den realen Charakter des gemeinten Dinges deutlich bezeichnet. Ich stelle mir vor, daß einem Flieger diese Untrennbarkeit von Trägheit und Gravitation sehr deutlich zum Bewußtsein kommt. Wenn es trotz der einheitlichen Natur des Führungsfeldes in praxi — wenigstens näherungsweise und für ein beschränktes Gebiet — gelingt, dasselbe zu zerlegen in den homogenen Untergrund der Galileischen Trägheit und eine

veränderliche, ihr gegenüber außerordentlich schwache Fluk-
tuation, das Schwerefeld, so hat es damit etwa dieselbe Bewandt-
nis, wie wenn der Geodät die tatsächliche Erdoberfläche mit allen
Meeresbecken, Klippen, Tälern und Bergen von einer glatt verlaufenden Idealfläche, dem Geoid, aus konstruiert, dem er dann
alle jene kleinen Buckel und Vertiefungen anfügen muß. Aus der
einheitlichen Natur des Führungsfeldes folgt nun aber, daß es als
Ganzes in der Materie verankert werden muß. An dem Analogon
des elektrischen Feldes machst du dir's am besten klar. Das elektrische Feld zwischen den Platten eines geladenen Kondensators
wird erzeugt von den in den Platten steckenden Elektronen;
dieses Feld hat einen im ganzen homogenen Verlauf, aus dem es
sich nur in der Umgebung der einzelnen Elektronen heraushebt
wie kleine steile Bergkegel aus einer weiten Ebene. Aber nicht nur
diese atomaren Abweichungen in der Umgebung jedes Elektrons
werden von den Elektronenladungen erzeugt, sondern auch das
durch Überlagerung entstehende homogene Feld zwischen den
Platten. So wird auch die Trägheit durch das Zusammenwirken
aller Massen in der Welt erzeugt; um jeden einzelnen Stern herum
liegt dann noch jene Abweichung des Führungsfeldes vom homogenen Verlauf, die sich als Gravitationsanziehung des Sternes be-
merkbar macht und wesentlich von ihm allein herrührt.

Paulus. Die Analogie ist bestechend; ich komme darauf zurück. Aber laß mich vorher noch dies sagen! Von der alten zu der
neuen Auffassung G der Dinge übergehen, heißt: *den geometrischen
Unterschied zwischen gleichförmiger und beschleunigter Bewegung
ersetzen durch den dynamischen Unterschied zwischen Führung und
Kraft*[1]). Gegner EINSTEINS stellten die Frage: Warum geht bei
einem Zusammenstoß der Zug in Trümmer und nicht der Kirchturm, an dem er gerade vorüberfährt — wo doch der Kirchturm

---

[1]) Wir kehren damit in gewissem Sinne zurück zu der Aristotelischen
Unterscheidung der natürlichen und gewaltsamen Bewegung. Von Neueren
hat ANDRADE in seinen Leçons de mécanique physique (Paris 1898) die
klassische Mechanik in dieser Weise umgedeutet. Er unterscheidet den
natürlichen Lauf der Dinge (Trägheitsbewegung einschließlich der Gravitation, konstant bleibender Maßstab usw.), wofür keine mechanischen
Kräfte angesetzt werden und der rein deskriptiv behandelt wird, von dem
Zwang, den die Körper aufeinander ausüben. Die genaue theoretische Erfassung des Führungsfeldes und die Gesetze seiner Wechselwirkung mit der
Materie sucht man freilich bei ihm noch vergebens.

relativ zum Zuge einen ebenso starken Bewegungsruck erfährt
wie der Zug relativ zum Kirchturm? Darauf antwortet der ge-
sunde Menschenverstand: weil der Zug aus der Bahn des Führungsfeldes herausgerissen wird, der Kirchturm aber nicht. Man kann
sich das ja bis in alle Einzelheiten deutlich machen, wie durch
diesen Kampf zwischen Führung und Kraft die Wagen zertrüm-
mert werden. Im gleichen dynamischen Sinne dreht sich die Erde;
sie dreht sich gegenüber einem im Mittelpunkt angebrachten „Träg-
heitskompaß", welcher dem Führungsfelde folgt. — Die Einsteinschen Gravitationsgesetze besitzen eine stationäre Lösung, welche
eine gleichförmig rotierende Wassermasse mit ihrem Gravitationsfeld darstellt; du weißt selber, wie du das Problem anzusetzen
hast. Die Lösung ist verschieden von dem statischen Feld einer
ruhenden Wasserkugel; die rotierende Wassermasse wird nicht
eine Kugel, sondern abgeplattet sein. Und was bedeutet dabei
Rotation? Es hat genau den eben angegebenen dynamischen
Sinn. — Solange man das Führungsfeld ignoriert, kann man weder
von absoluter noch von relativer Bewegung reden; erst bei Be-
rücksichtigung des Führungsfeldes gewinnt der Begriff der Bewegung einen Inhalt. Die Relativitätstheorie will, richtig verstanden, nicht die absolute Bewegung zugunsten der relativen
ausmerzen, sondern sie vernichtet den kinematischen Bewegungs-
begriff und ersetzt ihn durch den dynamischen. Die Weltansicht,
für welche GALILEI gekämpft hat, wird durch sie nicht kritisch
zersetzt, sondern im Gegenteil konkreter gedeutet.

Petrus. Gegen deine ganze Darstellung habe ich nichts ein-
zuwenden. Nur bleibst du dabei stehen, Materie und Führungsfeld selbständig nebeneinander zu betrachten; wird das Feld aber
durch die Materie erzeugt, so sind's dann *doch* die Fixsterne, welche
die Abplattung der Erde hervorbringen.

Paulus. Aber das leugne ich ja eben! Ich meine: was ich bisher
dargelegt und in den beiden Sätzen G knapp formuliert habe, das
allein greift in die Physik ein, liegt den tatsächlichen Einzelunter-
suchungen von Problemen der Relativitätstheorie zugrunde. Das
weit darüber hinausgehende Machsche Prinzip M aber, nach welchem die Fixsterne mit geheimnisvoller Macht in den Gang der
irdischen Geschehnisse eingreifen sollen, ist bis jetzt reine Spekula-
tion, hat lediglich kosmologische Bedeutung und wird darum für
die Naturwissenschaft erst von Belang werden können, wenn der

astronomischen Beobachtung nicht mehr nur eine Sterneninsel, sondern das Weltganze zugänglich ist. Wir könnten diese Frage also ganz auf sich beruhen lassen, wenn ich nicht zugeben müßte, daß es allerdings verlockend ist, sich auf Grund der Relativitätstheorie ein Bild vom Weltganzen zu machen. Darum bin ich bereit, dir auch darüber Rede und Antwort zu stehen.

II. Kosmologie.

Petrus. Laß mich an ein bekanntes Ergebnis von THIRRING[1]) anknüpfen! Auf einen ruhenden Körper k im Mittelpunkt einer gewaltigen rotierenden Hohlkugel H (welche den Fixsternhimmel vertritt) wirkt nach den Einsteinschen Gravitationsgesetzen eine analoge Kraft wie die Zentrifugalkraft, die an ihm angreifen würde, wenn umgekehrt die Hohlkugel ruht, aber k rotiert. Allerdings ist ihre Intensität unter realisierbaren Verhältnissen viel geringer; die Zentrifugalkraft erscheint multipliziert mit einem winzigen Faktor, welcher gleich ist dem Verhältnis zwischen dem Gravitationsradius der Hohlkugelmasse und dem geometrischen Radius der Hohlkugel. Der Gravitationsradius einer Masse M beträgt, wenn M in Gramm gemessen wird, $1{,}87 \cdot 10^{-27} \times M$ Zentimeter; der Gravitationsradius der Erdmasse ist z. B. $= 0{,}5$ Zentimeter, derjenige der Sonnenmasse etwa $1{,}5$ Kilometer. Man wird danach in Machscher Weise die Zentrifugalkraft, die Abplattung der Erde als eine Wirkung des um die ruhende Erde sich drehenden Sternenhimmels erklären können, wenn man annimmt, daß die mittlere Entfernung der Sterne so groß ist wie der Gravitationsradius ihrer Gesamtmasse.

Paulus. Bei der Anordnung von THIRRING tritt aber an dem ruhenden Körper k außer der Zentrifugalkraft noch eine andere Kraft von vergleichbarer Stärke auf, die nicht wie jene von der Rotationsachse fortgerichtet ist, sondern parallel zu ihr wirkt. Außerdem ergibt sich ja, wie du selber erwähntest, die Zentrifugalkraft nur dann in dem richtigen Betrage, wenn zwischen Radius und Masse der Hohlkugel H ein genau abgestimmtes Verhältnis besteht. Es geht daraus klar hervor, daß es etwas anderes ist, ob k ruht und H rotiert, oder ob die Hohlkugel H ruht und der Körper k sich im entgegengesetzten Sinne mit der gleichen Winkelgeschwin-

---

[1]) Physikal. Zeitschr. Bd. 19, S. 33. 1918; Bd. **22**, S. 29. 1921.

digkeit dreht, im Gegensatz zu dem Prinzip von der Relativität
der Bewegung! Meine dynamische Auffassung macht den Unterschied ohne weiteres klar; und tatsächlich zeigt sich, wenn man
THIRRINGS Formeln diskutiert, daß im ersten Fall die Materie des
Körpers k dem Führungsfeld folgt, die der Hohlkugel H jedoch
nicht, im zweiten Fall es sich umgekehrt verhält.

Petrus. Deine Bemerkung ist auch für mich aufklärend. Aber
dein Einwand schüchtert mich nicht ein. THIRRING operiert mit
dem unendlichen Raum, und das von ihm errechnete metrische
Feld ist von solcher Art, daß es sich im Unendlichen immer genauer
jenem homogenen Zustand anschmiegt, der durch die Euklidische
Geometrie beschrieben wird. Infolgedessen wirkt hier der unendlich ferne Saum des Raumes wie ein materielles, felderzeugendes
Agens. Durch die Analogie des elektrostatischen Feldes wird das
deutlicher werden. Ruhende Ladungen erzeugen ein solches Feld;
der wirkliche Verlauf desselben läßt sich aus den Nahewirkungs-
gesetzen nur dann eindeutig ableiten, wenn die Bedingung hinzugefügt wird, daß im Unendlichen das Feld auf dem Nullniveau
festgehalten wird. Der Raumhorizont wirkt wie eine unendlich
große metallische Hohlkugel. Beim elektrischen so gut wie beim
Führungsfeld ist somit der homogene Untergrund des Feldes, das
„Nullniveau", auf Rechnung dieses unendlich fernen Raumhori-
zonts zu setzen; von dorther legt sich eine ungeheure Macht be-
ruhigend auf das Weltgeschehen. Er muß fallen, will man das
Machsche Prinzip wirklich durchführen; der dreidimensionale
Raum darf keinen Saum besitzen, er muß *geschlossen* sein (nach
Art der Kugelfläche im Gebiete von 2 Dimensionen). Und nun
konnte EINSTEIN in der Tat, nachdem er seinem ursprünglichen
Gravitationsgesetz eine kleine Modifikation, das sog. kosmologische Glied, hinzugefügt hatte, zeigen[1]): Im Gleichgewicht ist
die Welt räumlich geschlossen. Die Gesetze fordern die Anwesenheit von Materie; ohne Materie, heißt das, ist ein Führungsfeld
überhaupt nicht möglich. Die Materie ist gleichförmig verteilt und
ruht. Der Gravitationsradius der gesamten in der Welt vorhandenen Masse ist so groß wie der geometrische Weltradius; offenbar
bestimmt die zufällig vorhandene Gesamtmasse die Krümmung und
damit die Größe des Weltraums. Hier hast du den Anschluß an

---

[1]) Sitzungsber. d. Preuß. Akad. d. Wissensch. 1917, S. 142.

die Untersuchung von THIRRING, und hier, meine ich, ist nun das Machsche Programm in einer Weise durchgeführt, die prinzipiell nichts mehr zu wünschen übrig läßt. Der eben geschilderte Gleichgewichtszustand ist natürlich nur makroskopisch zu verstehen. Die einzelnen Sterne werden sich bewegen wie die Moleküle eines in einen ruhenden Kasten eingeschlossenen Gases, das ja auch, makroskopisch gesehen, ruht und sich gleichförmig über das Kasteninnere verteilt. Es erklärt sich damit zugleich die merkwürdige und sehr der Erklärung bedürftige Tatsache, daß die Sterngeschwindigkeiten durchweg so klein sind gegenüber der Lichtgeschwindigkeit. Auch fallen die Paradoxien dahin, zu denen die unendliche Ausdehnung des Raumes in ihren astronomischen Konsequenzen geführt hat[1]).

Paulus. Offen gesagt, kann ich mir nach dieser kosmischen Theorie noch durchaus kein klares und in den Einzelheiten stichhaltiges Bild davon machen, *wie* die Materie das Führungsfeld erzeugt.

Petrus. Vielleicht ist da die Bemerkung förderlich, daß schon auf Grund der gewöhnlichen Theorie, in welcher das kosmologische Glied fehlt, die Annäherung eines Körpers an einen andern eine induktive Wirkung auf seine träge Masse ausübt. Im statischen Gravitationsfeld ist die Lichtgeschwindigkeit f mit dem Gravitationspotential Φ durch die Gleichung verknüpft

$$f = c + \frac{\Phi}{c},$$

in welcher die Konstante c zufolge der Gleichung selber die Lichtgeschwindigkeit fern von allen gravitierenden Massen bedeutet. Zu jedem Körper gehört eine durch seinen inneren Zustand allein bestimmte Konstante, der „Massenfaktor" M_0; seine Energie E aber und seine träge Masse m (der Quotient aus Impuls und Geschwindigkeit) sind abhängig vom Gravitationspotential, auf dem sich der Körper befindet, nach den Formeln

$$E = M_0 f, \qquad m = \frac{M_0}{f}.$$

---

[1]) Diese wurden namentlich von SEELIGER diskutiert: Astronomische Nachrichten Bd. 137, Nr. 3273. 1895; Münchner Berichte Bd. 26. 1896. Einen Ausweg in ganz anderer Richtung suchte schon LAMBERT und nach ihm FOURNIER D'ALBE (Two new Worlds, London 1907) und C. V. L. CHARLIER (1908). Vgl. das Referat von BERNHEIMER: Naturwissenschaften Bd. 10, S. 481. 1922.

Bringt man einen Körper an eine Stelle niederen Gravitations-
potentials, legt man ihn z. B. vom Tisch auf den Fußboden, so
vermindert sich folglich seine Energie; nämlich um den Betrag der
Arbeit, die zu leisten ist, um ihn vom Fußboden auf den Tisch
zurückzuheben. In demselben Verhältnis aber, wie seine Energie
sich bei Annäherung an das Erdzentrum vermindert, erhöht
sich seine träge Masse. Das weist doch deutlich darauf hin,
daß die Trägheit der Körper sich restlos als eine Induktions-
wirkung der die Gravitation erzeugenden Weltmassen muß verstehen lassen.

Paulus. Wenn du mir nur sagen könntest, wie dieser *Hinweis*
sich zu einer wirklichen *Erklärung* ausgestalten ließe! Je mehr
ich darüber nachgedacht habe, um so größer schien mir die Kluft
zu werden, die es noch zu überbrücken gilt. Im Grunde hat sich
das Problem nur ein wenig verschoben: an Stelle der trägen Masse
ist der Massenfaktor M_0 getreten. Er bleibt eine dem Körper allein
eigentümliche Konstante, die von keinen Induktionswirkungen
betroffen wird; keine Aussicht hat sich eröffnet, ihn durch eine
Wechselwirkung aller Massen im Universum entstanden zu denken.
Die Schwierigkeit, welche von dem Raumhorizont herkommt, ist
natürlich durch den geschlossenen Raum behoben; diejenige aber,
die überall im Innern des Weltkontinuums ihren Sitz hat, in seiner
molluskenhaften Deformierbarkeit — denke an meine Feststellung
A ! — bleibt bestehen. Physikalisch undurchsichtig, ja bedenklich
ist die Beschränkung auf statische Verhältnisse. Du fragst: Warum
hat eine ruhende Punktladung ein elektrostatisches Feld *F* um sich,
dessen Intensität umgekehrt proportional dem Quadrat der Entfernung von der Ladung abnimmt? Die Nahewirkungsgesetze des
elektrostatischen Feldes erklären das nicht. Berücksichtige nun
aber die Zeit und analysiere den folgenden Vorgang: Von einem
neutralen Mutterkörper löst sich eine kleine Ladung ab und kommt
fern vom Mutterkörper im Augenblick *t* zur Ruhe. Wenn seit *t*
jetzt eine Stunde vergangen ist, so herrscht das oben geschilderte
Feld *F* um die Ladung herum in einem Umkreis von 1 Lichtstunde
= ca. 10^{14} cm Radius. Aus den Gesetzen des *veränderlichen* elektromagnetischen Feldes ergibt sich zwangsläufig diese Ausbildung
des Feldes *F*, wenn die Annahme hinzugefügt wird, daß *vor Beginn
der Ablösung der Raum feldfrei war*. Nicht daran liegts also, daß
das Feld am unendlich fernen Raumhorizont festgehalten wird,

sondern die Bindung kommt her von dem Weltsaum der unendlich weit zurückliegenden Vergangenheit.

Sobald man sich nicht mehr auf die Statik beschränkt, besitzen die durch das kosmologische Glied erweiterten Gravitationsgesetze nach DE SITTER eine sehr einfache Lösung, bei welcher (im Gegensatz zu EINSTEINS Behauptung) die Welt masseleer und übrigens ihr metrisches Feld vollkommen homogen ist[1]). Zum Zwecke der graphischen Darstellung streiche ich 2 Raumdimensionen, so daß die Welt nicht vier-, sondern nur zweidimensional ist. Die Bilder, welche ich konstruiere, liegen in einem dreidimensionalen Raum R, dessen Metrik so ist, wie sie die spezielle Relativitätstheorie der Welt zuschreibt; wenn die Vertikale als Zeitachse fungiert, ist also in einem rechtwinkligen Dreieck, dessen eine Kathete horizontal, dessen andere vertikal ist, das Quadrat der Hypotenuse gleich der *Differenz* der Quadrate der beiden Katheten. Ich unterscheide drei Hypothesen über den Zustand der Welt im großen.

I. (*Elementare Kosmologie.*) Die Welt stimmt in ihrer metrischen Beschaffenheit überein mit einer vertikalen Ebene im Raume R. Die Sterne sind unendlich dünn verteilt und ruhen alle; ihre Weltlinien sind also vertikale Gerade. Der Kegel der Lichtausbreitung von einem Weltpunkt P aus wird gebildet von den beiden durch P laufenden Geraden, welche gegen die Vertikale um $45°$ geneigt sind. Das ist der Normalzustand, der durch die gegenseitige Einwirkung der Himmelskörper nur leicht gestört wird.

II. (EINSTEIN.) Die Welt wird metrisch treu dargestellt durch einen geraden Kreiszylinder mit vertikaler Achse in unserm Raume R. Die Weltlinien der Sterne sind wiederum vertikale Gerade, aber die Massendichte ist nicht unendlich klein, sondern steht in einem genau abgestimmten Verhältnis zum Radius des Zylinderquerschnitts. Der Kegel der Lichtausbreitung besteht aus zwei Schraubenlinien auf dem Zylinder, welche seine Mantellinien unter $45°$ schneiden.

III. Der geometrische Ort aller Punkte in R, die von einem Zentrum O einen festen (reellen) Abstand besitzen, hat nicht die Gestalt einer Kugel, sondern eines einschaligen Hyperboloids mit vertikaler Achse; das ist die oben erwähnte de Sittersche Lösung.

---

[1]) Monthly Notices of the R. Astronom. Soc. London, Nov. 1917. Dazu: WEYL: Raum, Zeit, Materie, 5. Aufl. (Berlin 1923), S. 322, und Physikal. Zeitschr. Bd. 24 (1923), S. 230.

Der Kegel der Lichtausbreitung besteht aus den beiden durch den Ursprungsort hindurchgehenden geradlinigen Erzeugenden des Hyperboloids, die Sterne sind unendlich dünn verteilt. Die Ebenen, welche durch eine feste Mantellinie l des Asymptotenkegels hindurchgehen — er hat seine Spitze in O und einen Öffnungswinkel von 90° —, schneiden auf dem Hyperboloid zwei Scharen von geodätischen Linien aus; die Hyperbeln der einen Schar laufen nach unten (Vergangenheit) zusammen, indem sie l zur gemeinsamen Asymptote besitzen, und breiten sich nach oben fächerförmig über das ganze Hyperboloid aus; die zweite Schar entsteht aus der ersten durch Vertauschung von oben und unten. Die Weltlinien der ersten Schar werden im ungestörten Normalzustand beschrieben von den Sternen eines von Ewigkeit her in Kausalzusammenhang stehenden Sternsystems.

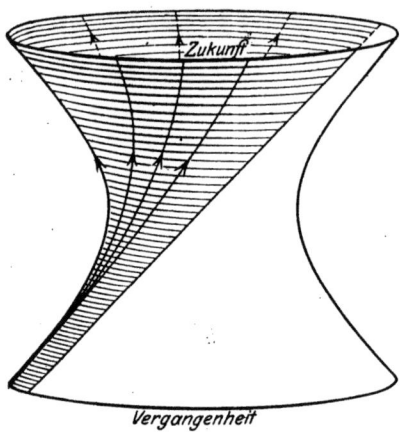

Abb. 3. Weltlinien eines zusammenhängenden Sternsystems nach der kosmologischen Annahme III.

Petrus. Wenn es mit Hilfe des kosmologischen Gliedes nicht gelingt, das Machsche Prinzip durchzuführen, so halte ich es überhaupt für zwecklos und bin für die Rückkehr zur elementaren Kosmologie.

Paulus. Das scheint mir doch voreilig. Die Ebene I besitzt einen einzigen zusammenhängenden unendlich fernen Saum; da lassen sich Raum und Zeit, ewige Vergangenheit und ewige Zukunft gar nicht voneinander trennen. Infolgedessen läßt sich auch keine vernünftige Vorschrift geben, welche es verhindert, daß die Weltlinie eines Körpers sich genau oder nahezu schließt; das würde aber zu den grausigsten Möglichkeiten von Doppelgängertum und Selbstbegegnungen führen. Hingegen trägt der Zylinder II so gut wie das Hyperboloid III zwei getrennte Säume, den unteren der ewigen Vergangenheit und den oberen der ewigen Zukunft; das ist der eigentliche Inhalt der Aussage, daß die Welt räumlich geschlossen ist: sie erstreckt sich „von Ewigkeit zu Ewigkeit". Und um dieses doppelten Weltsaumes willen möchte ich an dem kosmologischen Glied festhalten. Auf dem Einsteinschen Zylinder überschlägt sich der Kegel der Lichtausbreitung unendlich oft. Von einem und demselben Stern muß ein Beobachter demnach unendlich viele Bilder erblicken; zwischen den Zuständen des Sternes, von denen zwei aufeinanderfolgende Bilder Kunde geben, ist ein Äon verflossen, die Zeit, welche das Licht gebraucht, um einmal rund um die Weltkugel zu laufen: die Wahrnehmung des jetzt Geschehenden ist durchsetzt von den Gespenstern des Längstvergangenen. Hingegen vereinigt DE SITTERS Hyperboloid beide Vorzüge miteinander: den doppelten Saum der Vergangenheit und Zukunft einerseits, den sich nicht überschlagenden Lichtkegel anderseits. Hier werden die kleinen Sterngeschwindigkeiten nicht wie in der Einsteinschen Kosmologie auf einen im Laufe von Äonen allmählich eingetretenen „thermodynamischen" Ausgleich, sondern auf einen gemeinsamen Ursprung zurückgeführt. Die astronomischen Tatsachen sprechen entschieden für diese Ansicht.

Nach der Hypothese III scheinen alle Sterne eines Systems von einem beliebig herausgegriffenen Zentralstern aus in radialer Richtung zu fliehen; ihre Spektrallinien sind für einen Beobachter auf dem Zentralstern nach dem roten Ende verschoben, und zwar um so stärker, je entfernter sie sind. Nun zeigen die Spiralnebel, welche wahrscheinlich die entferntesten Himmelsgebilde sind, mit ganz wenigen Ausnahmen eine starke Rotverschiebung ihrer Spektrallinien[1]. Sollte wirklich die universelle Fliehtendenz der Materie davon die Ursache sein, welche formelmäßig im kosmologischen Glied der Gravitationsgleichungen zum Ausdruck kommt, so erhält man aus hypothetischen Parallaxebestimmungen von Spiralnebeln einen Weltradius von der Größenordnung 10^{27} cm.

Petrus. Die Lichtgespenster der Sterne im Kosmos II werden wohl zu diffus sein, um wahrgenommen werden zu können.

Paulus. Dann müßte aber die diffuse, den Weltraum erfüllende

[1]) Ich verweise auf die Tabelle bei EDDINGTON: Mathematical Theory of Relativity (Cambridge 1923), S. 162. — Neuerdings ist freilich die Ansicht, daß die Spiralnebel der Milchstraße gleichgeordnete Systeme sind, durch SHAPLEY und durch die Beobachtungen VAN MAANENS über die Bewegung der Nebelknoten in den Spiralnebeln stark erschüttert worden. Man lese darüber die fortlaufenden „Astronomischen Mitteilungen" in den letzten Jahrgängen der Naturwissenschaften nach. Über eine andere von LINDEMANN aufgestellte Hypothese zur Erklärung der Rotverschiebung in den Spektren der Spiralnebel vgl. Naturwissenschaften Bd. 11 (1923), S. 961.

Strahlung so stark sein, daß die Sterne im Durchschnitt ebenso viel Licht absorbieren wie emittieren. Für die Strahlung sollte so gut statistisches Gleichgewicht bestehen wie für die Sternbewegung.

Petrus. Nach allem, was du gesagt hast, glaubst du an eine selbständige Macht des Führungsfeldes, unabhängig von der Materie. Fern von aller Materie oder wenn alle Materie vernichtet ist — das ist doch deine Meinung? — herrscht jener homogene Zustand Z, der durch das Hyperboloid III (oder im Grenzfall durch die Ebene I) wiedergegeben wird. Mit der Erfahrung steht das wohl im Einklang, aber es scheint mir dem Prinzip der Kontinuität zu widersprechen. Denn wenn auch Z in sich qualitativ vollständig bestimmt ist, so gibt es doch unendlich viele Möglichkeiten, wie sich dieser Zustand im Weltkontinuum realisieren kann; analog etwa wie alle Geraden in der gewöhnlichen Geometrie qualitativ einander gleich sind, es aber doch unendlich viele Möglichkeiten ihrer Lage im Raum gibt. Welche dieser Möglichkeiten soll nun wirklich werden, wenn ich die vorhandene Materie stetig zu Null abnehmen lasse? Ich meine, bei verschwindender Materie muß das Führungsfeld *unbestimmt* werden.

Paulus. Begehst du da nicht den gleichen Fehler, den Einstein 1914 machte[1]), als er aus dem Kausalitätsprinzip auf die Unmöglichkeit der allgemeinen Relativitätstheorie schloß? Denn, so sagte er, wenn die Naturgesetze invariant sind gegenüber beliebigen Koordinatentransformationen, so erhalte ich aus *einer* Lösung durch Transformation unendlich viele neue. Teile ich die Welt durch einen dreidimensionalen Querschnitt, welcher ihre beiden Säume voneinander trennt, in zwei Teile und verwende nur solche Transformationen, welche die „untere" Hälfte unberührt lassen, so stimmen alle diese Lösungen gleichwohl in der unteren Welthälfte mit der ursprünglichen überein; also sollten sie doch nach dem Kausalprinzip auch in der oberen Welthälfte miteinander identisch sein. Er übersah, daß alle diese Lösungen tatsächlich auch in der oberen Welthälfte objektiv den gleichen Zustandsverlauf wiedergeben, daß hier nur ein Unterschied der Darstellungsweise, der verwendeten Abbildung vorliegt; oder anders ausgedrückt: ein Unterschied bestünde nur, wenn die vierdimensionale Welt ein *stehendes Medium* wäre, in das sich die Spuren der materiellen Vorgänge so oder so einzeichnen. Und nur dann kann man

---

[1]) Sitzungsber. d. Preuß. Akad. d. Wissensch. 1914, S. 1067.

auch die Möglichkeiten der Realisierung, von denen du sprichst, als verschieden anerkennnen. Ein solches stehendes Medium wird aber, ohne Zweifel mit deinem Beifall, von der Relativitätstheorie durchaus geleugnet.

Erachtest du es für notwendig, daß fern von aller Materie das Führungsfeld unbestimmt wird, so müßtest du konsequenterweise das gleiche Postulat für das elektromagnetische Feld aufstellen. Jedermann nimmt aber an, daß mit verschwindender Materie die elektromagnetische Feldstärke $= 0$ wird; und das bedeutet doch nicht, daß überhaupt „kein Feld da ist", sondern daß dieses sich in einem bestimmten „Ruh-Zustand" befindet, der sich stetig in alle übrigen möglichen Zustände einpaßt. Darf ich das Wort „Äther" in den Mund nehmen? Ich verstehe darunter nicht ein substantielles Medium, dessen hypothetische Bewegung ich ergründen möchte, sondern als Zustand des Äthers gilt mir das herrschende metrische und elektromagnetische Feld. In der Weylschen Theorie, ebenso in der kürzlich von EDDINGTON und EINSTEIN entworfenen „affinen" Feldtheorie erscheint auch das elektrische mit in das metrische Feld aufgenommen. Der einzig mögliche *homogene* Zustand desselben ist das Hyperboloid III, auf welchem die elektromagnetische Feldstärke überall verschwindet. Aus diesem Ruhezustand heraus — Ruhe heißt hier soviel wie Homogeneität — wird der Äther durch die Materie erregt; sie stehen nicht in dem einseitigen Kausalverhältnis von Erzeuger und Erzeugtem, sondern in Wechselwirkung miteinander (2). Deinen Einwand aus dem Kontinuitätsprinzip kann ich anschaulich vielleicht am besten durch eine Analogie entkräften, indem in den Äther einer Seefläche, die Materie den Schiffen vergleiche, welche sie durchfahren. Die verschiedenen Möglichkeiten, von denen du sprachst, bestehen hier darin, daß man dieselbe Gestalt der Seefläche, denselben qualitativen Zustand materiell auf unendlich viele verschiedene Weise realisieren kann; der „materielle Zustand" gilt nämlich erst als bestimmt, wenn von jedem Wasserteilchen feststeht, an welcher Stelle des Seebeckens es sich befindet. Der Festlegung eines Koordinatensystems im Äther, der Beziehung auf ein stehendes Medium entspricht hier die willkürliche unterscheidende Kennzeichnung der einzelnen gleichartigen Wasserteilchen (z. B. durch Numerierung). Kommt das Wasser am Abend, wenn alle Schiffe im Hafen sind, wieder zur Ruhe, so ist der Zu-

stand qualitativ genau der gleiche wie am Morgen vor dem Aus-
fahren der Schiffe: die Seefläche ist eine glatte „homogene" Ebené.
Aber der materielle Zustand, der sich dahinter verbirgt, kann sich
vollständig verschoben haben. Es ist nicht angängig (wie es beim
Führungsfeld vor EINSTEIN geschah), die tatsächliche Lage aller
Wasserteilchen in dem durch die Schiffe erregten Seebecken aus
einer ein für allemal fixierten Ruhelage und einer durch die Schiffe
bewirkten Elongation zusammenzusetzen. Dieser Vergleich macht
es recht gut deutlich, wo ich die Grenze erblicke zwischen der als
gültig zu akzeptierenden neuen Auffassung, die uns die allgemeine
Relativitätstheorie gebracht hat, und ihrer übers Ziel hinaus-
schießenden spekulativen Ausdeutung (3). Dahinfällt, wie ich
nicht leugnen kann, die von ihr versprochene radikale Lösung des
Bewegungsproblems, um die sich hauptsächlich der Kampf in der
populären Diskussion drehte. Aber freuen wir uns, aus dem Rausche
der Revolution erwacht, des ruhigeren Lichtes, das sie jetzt über
die Dinge verbreitet und das dem zarteren Verständnis feinere,
aber nicht minder bedeutungsvolle Züge der Weltstruktur erhellt!
  Die Tatsache, daß Trägheits- und Sternenkompaß fast genau
zusammengehen, bezeugt *die gewaltige Übermacht des Äthers* in der
Wechselwirkung zwischen Äther und Materie. Denke ich daran,
wie auf dem de Sitterschen Hyperboloid die Weltlinien eines Sternsystems mit einer gemeinsamen Asymptote aus der unendlichen
Vergangenheit heraufsteigen, so möchte ich sagen: die Welt ist
geboren aus der ewigen Ruhe des „Vaters Äther"; aber aufgestört
durch den „Geist der Unruh" (HÖLDERLIN), der im Agens der
Materie, „in der Brust der Erd' und der Menschen" zu Hause ist,
wird sie niemals wieder zur Ruhe kommen. Es scheint mir des
Menschen, der sich mit PLATON und KEPLER das Gefühl für die
Göttlichkeit der Natur bewahrte, nicht unwürdig, ihm zuvorderst,
dessen Schoß uns alle eint, dem Vater Äther, Ehrfurcht, „Kränze
zu weihn und Gesang".
  Petrus. Abtrünnig werde ich dich fortan nicht mehr schelten.
Denn immer deutlicher spüre ich, daß du den physikalischen Gehalt der Relativitätstheorie nicht preisgegeben hast und dein Denken über den Kosmos nach wie vor in ihrem Geiste geschieht.
Deine Gründe will ich sorgfältig erwägen; aber ob ich mich nun
deiner Meinung anschließe oder nicht — voll Freude weiß ich mich
von neuem einerlei Sinnes mit dir im Herzen.

Erläuterungen und Zusätze.

Was ist Materie?

(1) SPINOZAS Monismus entstand als die Überwindung des Cartesischen Dualismus von denkender und ausgedehnter Substanz. Von ARISTOTELES wird in Abschnitt III die Rede sein. Die Berechtigung und Bedeutung des ontologischen Substanzbegriffes, insbesondere die Frage, ob die Korrelation Substanz-Akzidenz notwendig oder geeignet ist, wie SPINOZA es will, in einer absoluten Seinslehre das Verhältnis von Einheit und Mannigfaltigkeit (Gott und Welt) zum Ausdruck zu bringen, liegt natürlich ganz außerhalb des physikalischen Problemkreises. KANTS Kritizismus lehnt die Kategorien als Erkenntnismittel der „Dinge an sich" ab, er will sie verstehen als die aus dem Wesen des Erkenntnisprozesses sich ergebenden apriorischen Bedingungen für die Möglichkeit der Erfahrung. Die Substanz, von der er redet, hat also die Realität der in unserer Erfahrung gegebenen und sich konstituierenden Erscheinungswelt.

(2) Daß es bei der Unterscheidung der verschiedenen Substanzröhren nur auf den stetigen Zusammenhang der Raumzeitpunkte ankommt, kann man sich so überlegen: der getrennte Verlauf dieser Gebiete, deren jedes einzelne in sich zusammenhängend ist, geht nicht verloren, wenn man die ganze Figur, welche das Weltkontinuum mit seinen Substanzröhren darstellt, einer beliebigen Deformation unterwirft. Ausführlicheres findet sich darüber in dem Zusatz **(1)** zum Dialog „Massenträgheit und Kosmos". — Daß ein Atom sich nicht teilt und mehrere niemals zu einem einzigen miteinander verschmelzen, äußert sich darin, daß die Röhren keine Verzweigungen aufweisen.

(3) Man macht das etwa folgendermaßen (in einer zweidimensionalen, mit einem Cartesischen Koordinatensystem ausgestatteten Ebene statt im dreidimensionalen Raum operierend): Zunächst lassen sich die sämtlichen Punkte der Ebene mit rationalen Koor-

78 Erläuterungen und Zusätze.

dinaten, wie die Mengentheorie gelehrt hat, in eine abgezählte
Reihe ordnen[1]): $p_1, p_2, p_3, \ldots$ Die Kreise K_n seien nach abnehmen-
den Radien r_n angeordnet: $r_1 \geqq r_2 \geqq r_3 \geqq \ldots$; r_n konvergiert mit unbegrenzt wachsendem n gegen 0. Man beginne damit, die Kreis-
scheibe K_1 mit ihrem Mittelpunkt auf p_1 zu legen. Darauf suche
man in der Reihe $p_2, p_3, \ldots$ den ersten Punkt auf, der außerhalb
K_1 liegt; das sei etwa p_5. Es kann sein, daß schon K_2, wenn es mit
seinem Mittelpunkt auf p_5 gelegt wird, K_1 nicht überschneidet.
Sonst können wir aber sicher in der Reihe der Kreise $K_2, K_3, \ldots$ so
weit gehen, z. B. bis K_7, daß der Kreis vom Radius r_7 um p_5 nicht
in K_1 eindringt. Dann legen wir die Kreisscheibe K_7 mit ihrem
Mittelpunkt auf p_5 und verteilen die Kreise $K_2, K_3, \ldots, K_6$ irgendwie so in der Ebene, daß sie außerhalb voneinander und der beiden
bereits placierten Kreise K_1 und K_7 liegen. Nun setzen wir die
Reihe der Punkte p_n über p_5 fort und suchen in ihr den ersten
Punkt auf, der keinem dieser Kreise K_1 bis K_7 angehört; das sei
etwa p_8. Wenn nicht schon K_8, so doch sicherlich eine der späteren
Scheiben K_n, etwa K_{12}, wird so klein sein, daß sie, mit ihrem Mittelpunkt auf p_8 gelegt, außerhalb aller Kreise K_1 bis K_7 liegt. Die
Kreisscheiben K_8 bis K_{11} werden dann irgendwie so verteilt, daß
sie weder ineinander noch in K_1 bis K_7 noch in K_{12} eindringen.
Dieses Konstruktionsverfahren kann man offenbar unbegrenzt
fortsetzen. Es führt dazu, die unendliche Serie von Kreisscheiben
$K_1, K_2, K_3, \ldots$ so über die Ebene zu verstreuen, daß keine gegenseitigen Überdeckungen stattfinden, aber jeder Punkt mit rationalen Koordinaten einem der Kreise angehört. Zwischen ihnen
hat also keine noch so kleine Kreisscheibe k mehr Platz. — Es
ist freilich etwas kühn, zu behaupten, daß damit die Hypothese
des leeren Raumes vermieden sei.

---

[1]) Zu diesem Zweck erteilt man jedem rationalen Punkt mit den Ko-
ordinaten $x = \dfrac{a}{n}, y = \dfrac{b}{n}$ (a, b, n ganze Zahlen ohne gemeinsamen Teiler,
n positiv) den Rang $R = |a| + |b| + n$ — dem Punkte $(-\frac{1}{2}, \frac{2}{3}) = (-\frac{3}{6}, \frac{4}{6})$
kommt z. B. der Rang $3 + 4 + 6 = 13$ zu — und ordnet die Punkte *nach
wachsendem Rang* an. Das ist möglich, da zu jeder Rangzahl nur endlich-
viele Punkte gehören. Der Anfang der Tabelle sähe so aus:

$x =$	0	0	0	1	-1	1	1	-1	-1	0	0	2	-2	0	0	$\frac{1}{2}$	$-\frac{1}{2}$
$y =$	0	1	-1	0	0	1	-1	1	-1	2	-2	0	0	$\frac{1}{2}$	$-\frac{1}{2}$	0	0
$R =$	1	2		2	2		2	3	3		3	3	3	3		3	3	3	3	3

(4) Münchhausen, der sich an seinem eigenen Zopfe aus dem Sumpfe zieht: in dem Lachen über diese groteske Lügengeschichte gibt jeder, auch der physikalisch nicht Geschulte, zu verstehen, wie gut er instinktiv um jene Tatsache Bescheid weiß. — Die Herleitung des Impulsprinzips aus ihr gestaltet sich, bei Beschränkung auf eine Raumdimension, etwa folgendermaßen: In einem starren Rohr $\mathfrak{R}$ werde von einer am linken Ende stehenden Kanone ein Körper k gegen die gegenüberliegende Wandung abgeschossen. Vor dem Schuß sei die Geschwindigkeit des Rohres gerade eine solche, daß es durch den Rückstoß zur Ruhe kommt. Ob nun unterwegs das Geschoß krepiert — in mehrere Bruchstücke, die in der Längsrichtung des Rohres fliegen und am rechten oder linken Ende einschlagen — oder ob es nicht krepiert, beidemal wird gemäß der zugrunde gelegten Erfahrungstatsache das Rohr nach dem Einschlagen wieder die ursprüngliche Geschwindigkeit besitzen. Versteht man unter dem Impuls eines beliebigen (in der Längsrichtung von $\mathfrak{R}$ fliegenden) Körpers die Geschwindigkeit, welche er dem ruhenden Rohr beim Einschlagen erteilt, so folgt daraus, daß die Summe der Impulse der Geschoßstücke nach dem Krepieren ebensogroß ist wie der Impuls des Geschosses vorher; bei diesem Schluß setzen wir zweckmäßigerweise voraus, daß die Masse des Rohres ungeheuer groß ist gegenüber der der Kugel k; aus dem Relativitätsprinzip (siehe den nächsten Absatz) folgt nämlich dann, daß die Geschwindigkeiten, welche dem Rohr durch die sukzessiven Einschläge erteilt werden, sich algebraisch addieren. Unsere Definition des Impulses ist insofern unabhängig von dem verwendeten Rohr, als sich bei anderer Wahl des „Meßrohres" alle Impulse nur mit einem gemeinsamen Proportionalitätsfaktor (andere Wahl der Maßeinheit) multiplizieren. Denn zwei gleichbeschaffene Körper k mit der gleichen Geschwindigkeit erteilen zwei anderen Körpern I, II von gleicher Masse, in welche sie einschlagen, notwendig die gleiche Geschwindigkeit. Man braucht, um das einzusehen, nur den einen Vorgang spiegelbildlich dem anderen gegenüberzustellen, wie die schematische Figur zeigt. Die Pfeile bedeuten die beiden an einem festen Gestell angebrachten Kanonen; dieses bleibt beim Feuern aus Symmetriegründen in Ruhe. Würde der Körper I

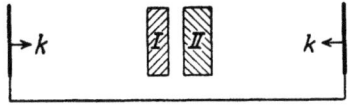

Abb. 4. Zur Messung des Impulses.

eine größere Geschwindigkeit erhalten als II, so würde nach dem
Zusammenstoß der vereinigte Körper I + II sich nach rechts
bewegen, während das Gestell in Ruhe geblieben ist — entgegen
dem zugrunde gelegten Prinzip.

(5) Das zweite dieser Gesetze ist das bekannte Faradaysche
Induktionsgesetz; es sagt aus, daß für irgendeine geschlossene
Kurve ℭ im Raume, in die man sich eine Fläche 𝔉 eingespannt
denkt, die Änderung pro Zeiteinheit des magnetischen Induktionsflusses, welcher durch jene Fläche hindurchtritt oder, wie man
auch sagt, von der Kurve ℭ umschlungen wird, gleich ist der
„elektromotorischen Kraft", dem Linienintegral der elektrischen
Feldstärke längs ℭ. Experimentell bewiesen wird das Gesetz dadurch, daß man in die gedachte Kurve ℭ einen Metalldraht legt
und den durch jene elektromotorische Kraft nach dem Ohmschen
Gesetz erzeugten Strom beobachtet (Änderung des Magnetfeldes
erzeugt elektrischen Strom, Prinzip der Dynamomaschine). Die
Unabhängigkeit des von ℭ umschlungenen Induktionsflusses von
der eingespannten Fläche 𝔉 wird durch das Gesetz (14): div 𝔅 = 0
garantiert, welches ausdrückt, daß der Induktionsfluß durch irgendeine geschlossene Fläche hindurch Null ist. Diese Gesetze bleiben
auch bei Anwesenheit von Materie gültig. Dagegen modifiziert
sich die erste der beiden Gleichungen (13), ebenso (14); insbesondere ist der Fluß, den die elektrische Feldstärke durch eine geschlossene Fläche hindurchschickt, welche Materie einschließt,
proportional zu der von der Fläche umschlossenen Ladung (vgl.
den Begriff felderregende Ladung auf S. 54).

(6) Welches ist dann überhaupt noch die Bedeutung der oben
berechneten Maßzahl des Elektronenradius $a = 10^{-13}$ cm? Lediglich die, daß sich die Mittelpunkte zweier Elektronen höchstens
auf eine Distanz von dieser Größenordnung nahe kommen können.
Wird ein Elektron aus dem Unendlichen zentral gegen ein zweites
ruhendes geschossen mit einer Anfangsgeschwindigkeit $= \frac{4}{5}$ der
Lichtgeschwindigkeit, so ist seine anfängliche Energie

$$\frac{m\,c^2}{\sqrt{1 - (\frac{4}{5})^2}} = \frac{5\,m\,c^2}{3}.$$

Bei seiner größten Annäherung an das zweite, in dem Augenblick,
wo es umkehrt, befindet es sich in Ruhe, seine Energie beträgt
also nur noch $m\,c^2$. Der verlorene Teil $\frac{2}{3}\,m\,c^2$ ist die Arbeit, welche

das Elektron zur Überwindung der elektrischen Abstoßung aufgewendet hat; diese ist, wenn a' der erreichte Abstand ist, $= \dfrac{4\pi\varepsilon^2}{a'}$. In dem Zahlenbeispiel erhalten wir also als größte Annäherung aus der Gleichung

$$\frac{2}{3}\,m\,c^2 = \frac{4\pi\varepsilon^2}{a'} \quad \text{den Wert} \quad a' = \frac{6\pi\varepsilon^2}{m\,c^2}.$$

(7) Aus einem ganz anderen Motiv, nämlich aus seiner sensualistischen Erkenntnistheorie heraus, die nur „farbige, feste Punkte" anerkennen will, leugnet HUME den leeren Raum. Aber diese Leugnung hat auch bei ihm einen anderen Sinn; es handelt sich für ihn nicht um eine Seins-Frage, sondern um eine *erkenntniskritische*, die man modern und weniger sensualistisch etwa so ausdrücken kann[1]): das vierdimensionale Raumzeit-Kontinuum ist nichts für sich, sondern lediglich das Feld der möglichen Koinzidenzen (oder besser: Berührungen) von Ereignissen. Immerhin ist zu bedenken, daß die Nicht-Koinzidenz sich ebenso unmittelbar feststellen läßt wie die Koinzidenz; und es wäre doch nicht gut, diese keineswegs miteinander in Widerspruch stehenden Tatsachen durch die Redewendungen „es gibt keinen leeren Raum — es gibt einen leeren Raum" zum Ausdruck zu bringen. Daß wir das *Wirkliche* zum Zwecke seiner theoretischen Beschreibung auf den Hintergrund des *Möglichen* stellen müssen (des Raumzeit-Kontinuums mit seiner Feldstruktur) — das bedeutet letzten Endes das Auftreten der Geometrie in der Physik. — Für ARISTOTELES geht es um die *Seinsfrage*, die der Substanztheoretiker etwa so formulieren müßte: Wenn man einen Kasten leerpumpt, berühren sich dann die Paare einander gegenüberliegender Wände? HUME macht sich lustig über gewisse Aristoteliker, die darauf mit Ja antworteten. Aber ARISTOTELES ist damit nicht ad absurdum geführt; die Substanz kann man auspumpen, das Feld aber nicht.

(8) Die Kausalstruktur der Welt ist nach der Relativitätstheorie dahin zu beschreiben, daß von jedem Weltpunkt O ein Doppelkegel (Kegel der Lichtausbreitung) ausgeht mit dem Punkte O als Knotenpunkt, derart daß von O aus Wirkungen nur nach den im Innern (3) des „vorderen" Kegels gelegenen Welt-

---

[1]) Vgl. WINTERNITZ, Relativitätstheorie und Erkenntnislehre, in Teubners Sammlung: Wissenschaft und Hypothese, Leipzig 1923, S. 35.

punkten gelangen können (aktive Zukunft), nach O andererseits aber nur Wirkungen gelangen können, die von Weltpunkten im Innern (1) des hinteren Kegels ausgingen (passive Vergangenheit). Zwischen (1) und (3) liegt das Zwischengebiet (2). Mein Leib durchmißt die Welt auf einer Weltlinie. Ich fahre auf ihr entlang „mit

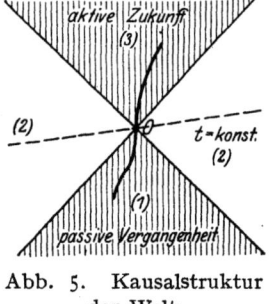

abgeblendetem Bewußtsein"; im Augenblick O steht dem wahrnehmenden Bewußtsein nur der Inhalt von (1) offen. Nach älterer Auffassung tritt an die Stelle des Kegels eine „Ebene" $t = $ const., die Gegenwart, in welcher Vergangenheit und Zukunft zwischenraumlos aneinanderstoßen. — Die Rede von Ursache und

Abb. 5. Kausalstruktur der Welt.

Wirkung erhält nur einen verständlichen Sinn, sofern sich der Experimentator echte Willensfreiheit zuschreibt, davon weiß, was er will und selber erzeugt. Weil die Willensfreiheit mit der Naturkausalität unverträglich schien, hat die Aufklärungsphilosophie sie geleugnet, KANT versucht, eine transzendente Lösung des Widerstreits zu geben, die auf der Unterscheidung von sinnlicher und intelligibler Welt beruht (die sich aber kaum zu Ende denken läßt). Das Wirken des Ich auf die Außenwelt scheint mir so gewiß wie seine Wahrnehmung der Außenwelt. Wenn ich z. B. urteile $2 + 2 = 4$, so glaube ich, macht sich dieser Urteilsakt nicht bloß so in mir durch blinde Naturkausalität, sondern der Umstand, daß wirklich $2 + 2 = 4$ *ist*, hat bestimmende Gewalt über mein Urteilen; und wenn ich weiter mit der Hand die Zeichen $2 + 2 = 4$ aufs Papier schreibe, so geschieht das, *weil* ich damit jenes Urteil fixieren *will*. Das Ich ist *Da-Seiendes* (reale psychische Akte vollziehendes Individuum) und „*Gesicht*" (sinngebendes Bewußtsein, Wissen, Bild) zugleich; als Individuum fähig zur Wirklichkeitssetzung, zur bildbestimmten willentlichen Tat, sein Gesicht offen gegen die Vernunft; „Kraft, der ein Auge eingesetzt ist", wie FICHTE sagt[1]).

---

[1]) Herr WINTERNITZ (a. a. O., S. 218) bezeichnet diesen Glauben, gegen mich polemisierend, als ein sacrificium intellectus, für welches nur außertheoretische Gründe maßgebend sein könnten. Mir erscheint sein (von vielen geteilter) Standpunkt als theoretische Blindheit, die zugunsten eines gewissen engen Tatsachenkomplexes den umfassenden Rest der Welt wegen eines vermeintlichen Widerstreits ignoriert; er hebt außerdem alles Denken (als Denken, das einen Sinn hat und für welches man einstehen kann) auf.

Die *Antinomie zwischen Kausalität und Willensfreiheit* in ihrer schneidendsten Form betrifft das Verhältnis von Wissen und Sein. Nehmen wir mit der Feldphysik an, daß der Zustand der Welt in einem Augenblick, in einem dreidimensionalen Querschnitt $t = $ const., nach streng gültigen bekannten mathematischen Gesetzen (Laplacesche Weltformel) den künftigen Geschehensverlauf bestimmt. Dann, glaubte man schließen zu dürfen, ließe sich ja aus dem, was ich in einem Augenblick O weiß (oder wissen kann), aus dem der Wahrnehmung in O geöffneten Weltteil die Zukunft vorausberechnen! *Diese Antinomie* bestand früher, *besteht aber in der Relativitätstheorie nicht mehr*; denn nicht der durch O laufende Querschnitt $t = $ const. grenzt das Bekannte vom Unbekannten ab, sondern der hintere Lichtkegel; und es ist eine mathematische Tatsache, daß durch den Verlauf der Zustandsgrößen in einem solchen Kegel (1) der Rest der Welt (2) + (3) nicht determiniert ist. Immer erst unmittelbar nach der Tat kann ich alle kausalen Prämissen meiner Tat kennen. Es liegt das daran, daß der Zuwachs, den das Gebiet (1) erfährt, wenn das Individuum auf seiner Lebenslinie von O nach O' vorrückt (Abb. 7), immer noch wieder in die unendlichferne Vergangenheit hinabtaucht. — Faßt man aber die Determination als

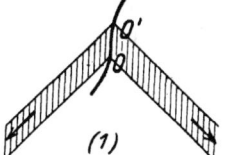

Abb. 6. Der Zuwachs der Vergangenheit.

reines *Seinsproblem*, so stellt die Möglichkeit der freien Tat das weitergehende Postulat, daß auch der Inhalt von (1) + (2), der durch die in O geschehenden Taten nicht mehr geändert werden kann, die aktive Zukunft (3) nicht vollständig festlegt. Diesem Postulat genügt die Feldphysik nicht, ihm wird nur die im folgenden entwickelte dynamische Agenstheorie gerecht. Die Frage hängt eng zusammen mit der *Einsinnigkeit der Zeit*. Für das Bewußtsein spielt fraglos der hintere (für die Wahrnehmung geöffnete) Kegel eine andere Rolle wie der vordere. Fragt man nur nach dem Verhältnis von Wissen und Sein, so kann man sich mit der Antwort begnügen, daß das Bewußtsein, wenn man es in einen Weltpunkt O hineinsetzt, die Auszeichnung des einen Kegels vor dem anderen eindeutig vollzieht. Ein Seinsproblem aber entsteht, sobald man glaubt, daß das einen physischen Grund haben müsse und daß auch rein physikalisch der eine Kegel vor dem anderen ausgezeichnet sei; daß also z. B. ein Atom in O wohl eine von O

auslaufende Kugelwelle, nicht aber eine gegen O einlaufende Welle erzeugen könne und daß infolgedessen der letzte Vorgang im Vergleich zum ersten außerordentlich viel unwahrscheinlicher sei, viel seltener vorkomme (weil er nämlich nur durch sehr viele, rund um das Atom in O verteilte, zufällig genau aufeinander abgestimmte Atome erzeugt werden kann, deren Einzelwellen sich durch Interferenz zu der gegen O einlaufenden Kugelwelle zusammenfügen). Für eine solche Auszeichnung des Zeitsinnes ist in der Feldphysik kein Platz; man hat eine Zeitlang gemeint, daß die statistische Thermodynamik das Wunder fertig brächte, durch Mittelwertbildung aus umkehrbaren Gesetzen nicht-umkehrbare entstehen zu lassen; heute werden wohl alle Physiker den Irrtum zugeben. In solchen Gesetzen aber, welche die Erregung des Feldes durch ein Agens zum Ausdruck bringen, kann die Einsinnigkeit der Zeit sehr wohl zur Geltung kommen. Das geschieht z. B. in der LIÉNARD-WIECHERTschen Formel, nach welcher ein sich bewegendes Elektron von einem elektromagnetischen Feld umgeben ist, dessen Zustand auf dem von O ausgehenden *vorderen* Kegel nur von dem Bewegungszustand des Elektrons in O abhängt (O bedeutet dabei irgendeinen Punkt auf der Weltlinie des Elektrons). Heute sieht es so aus, als ob man den Effekt der Erregungsvorgänge nur in Summa, als statistische Regelmäßigkeit erfassen kann; man berechnet ihn, indem man die Elementarvorgänge als zufällige, mit einer gewissen numerischen Wahrscheinlichkeit behaftete ansetzt und sie — abgesehen von den Wirkungen, welche sie einander zustrahlen — als unabhängige Ereignisse im Sinne der Statistik behandelt. Vielleicht trifft das letzte nur für die anorganische Materie zu; die Lebenspotenz äußert sich vielleicht darin und wird in dieser Form einmal für die Wissenschaft faßbar sein: daß sie statistische Korrelationen zwischen den atomaren Einzelereignissen begründet. — Man muß jedenfalls zugeben, daß gegenwärtig, so wie die Physik tatsächlich betrieben wird, in ihr die Kausalität ein merklich anderes Gesicht zeigt als zu SPINOZAS und KANTS Zeiten und das Determinationsproblem viel von seiner Schärfe verloren hat[1]).

---

[1]) Vgl. dazu: SCHOTTKY: Das Kausalproblem der Quantentheorie als eine Grundfrage der modernen Naturforschung überhaupt, Naturwissenschaften Bd. 9, 1921; NERNST: Zum Gültigkeitsbereich der Naturgesetze, Naturwissenschaften Bd. 10, 1922.

Massenträgheit und Kosmos.

(1) Es soll versucht werden, den Tatbestand etwas genauer weltgeometrisch zu schildern. Aber abstrahieren wir zunächst von der Zeit und sprechen nur vom Raum! In der Newtonschen Physik wird angenommen, daß die wirklichen Vorgänge sich anschaulich vorstellen lassen als Bewegungen substantieller Körper in einem stehenden Euklidischen Raum. Die Relativitätstheorie läßt es zwar auch zu, daß man das dreidimensionale Raumkontinuum auf einen Euklidischen Raum abbildet (das bedeutet im wesentlichen die Einführung eines Koordinatensystems); aber so gewinnt man nur ein *Bild*, in demselben Sinne wie die geographischen Karten Abbilder der wirklichen Erdoberfläche sind. Dies Verfahren ist bequem, vielleicht sogar unvermeidlich, weil es die Möglichkeit verschafft, sich „bildlich" mit Hilfe der gewöhnlichen geometrischen Begriffe auszudrücken. So werde ich etwa im Hinblick auf die Merkatorkarte sagen, daß San Francisco, die Südspitze von Grönland und das Nordkap in gerader Linie liegen; werde mich dann aber nicht wundern, daß auf einer orthographischen Projektion, welche die nördliche Halbkugel der Erde darstellt, dies keineswegs der Fall ist. Zwei Abbildungen gehen ineinander über durch stetige Deformation; aber von vornherein genießt keine der möglichen Abbildungen den Vorzug, allein „richtig" zu sein, vor allen anderen. Gehen wir zur Welt über, streichen aber um der Anschaulichkeit willen eine Raumdimension, so hatten wir schon in dem vorhergehenden Aufsatz „Was ist Materie?", S. 3, in einem Euklidischen Bildraum mit ausgezeichneter Vertikalrichtung die Newtonsche Welt, welche auf eine absolute Weise in Raum und Zeit zerspalten ist, zur Darstellung gebracht. Ein ruhender Körper beschreibt darin eine vertikale Gerade. Die Ausbreitung eines an der Weltstelle O gegebenen Lichtsignals wird dargestellt durch einen geraden Kreiskegel mit vertikaler Achse und Spitze in O (Lichtkegel). (Auf seinem Mantel liegen diejenigen Weltpunkte, in denen das Lichtsignal eintrifft; sein Öffnungswinkel ist 90°, wenn auf der vertikalen Zeitachse die Strecke für 1 Sek. ebenso lang gemacht ist wie die Strecke, welche in der horizontalen Raumebene die Länge von 300 000 km repräsentiert). Aber auch ohne die Newtonschen Voraussetzungen kann die Welt, das Medium der in ihr möglichen Koinzidenzen, wie jedes dreidimensionale Kontinuum (wir strichen eine Raumdimension), auf

einen Euklidischen Bildraum mit ausgezeichneter Vertikalen ab-
gebildet werden; und man kann dann die vorhin verwendeten
geometrisch-kinematischen Ausdrücke auf dieses Bild übertragen
(man wird also z. B. von einem Körper, dessen Weltlinie als eine
vertikale Gerade erscheint, sagen, daß er ruhe). Objektive Bedeutung haben jedoch nur solche Beziehungen, welche bei beliebiger
Deformation (Übergang von einer Abbildung zur anderen) erhalten
bleiben. Daß sich zwei Weltlinien schneiden, daß eine Weltröhre
zusammenhängend oder unverzweigt ist (vgl. S. 77), sind beispiels-
weise derartige Beziehungen. Der Winkel, unter dem zwei Sterne
einem Beobachter im Weltpunkt O erscheinen, wird durch eine
gewisse geometrische Konstruktion ermittelt aus den Weltlinien
der beiden Sterne (Σ), der Weltlinie des Beobachters (B), dem
Punkte O selber, dem von O ausgehenden rückwärtigen Lichtkegel

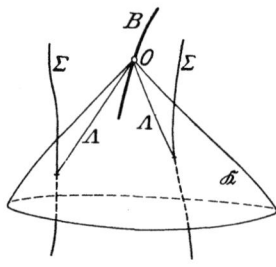

$\Re$ und den auf ihm verlaufenden Weltlinien (Λ) derjenigen beiden Lichtsignale,
die von den Sternen her in O eintreffen.
Diese Konstruktion, welche natürlich
von fundamentaler Wichtigkeit ist für
die Beziehung zwischen objektiver Wirklichkeit und Wahrnehmungsbild, ist von
solcher Art, daß sie zum gleichen Winkel-
wert führt, wenn sie, nach einer beliebigen Deformation des ganzen Bildes, von
neuem gemäß der gleichen Vorschrift an

Abb. 7. Bestimmung des Win-
kelabstandes zweier Sterne.

dem verzerrten Bilde vorgenommen wird. Bemerkenswert ist, daß
die Konstruktion außer den wirklich vorhandenen Weltlinien Σ, B
noch den die kausale Struktur der Welt (das metrische Feld) kenn-
zeichnenden rückwärtigen Lichtkegel $\Re$ benutzen muß. Es ist
eine mathematische Selbstverständlichkeit, daß man die Naturgesetze, wie sie auch lauten mögen, in solcher Weise zum Ausdruck
bringen kann, daß sie invariant sind gegenüber beliebigen Koordinatentransformationen, gegen beliebige Deformationen des graphischen Bildes; nur wird in sie dann eine Feldstruktur eingehen, wie
es die Kausalstruktur ist oder das elektromagnetische Feld. —
Führt man spezielle Koordinatensysteme ein, so muß man sie
physikalisch, auf Grund der wirklichen Vorgänge und der Struktur,
definieren. So behauptet z. B. die spezielle Relativitätstheorie,
daß man die Abbildung insbesondere so einrichten kann, daß alle

Lichtkegel als vertikale gerade Kreiskegel vom Öffnungswinkel 90° erscheinen. — Die objektive Welt *ist* schlechthin, sie *geschieht* nicht. Nur vor dem Blick des in der Weltlinie seines Leibes emporkriechenden Bewußtseins „lebt" ein Ausschnitt dieser Welt „auf" und zieht an ihm vorüber als räumliches, in zeitlicher Wandlung begriffenes Bild. Ich zitiere ein paar schöne Verse von WILH. VON SCHOLZ:

> „Wandernd erwacht ihr. Da beginnt zu gleiten
> der Boden, der euch reglos trug;
> und unaufhaltsam wächst in euer Schreiten
> des Bildes stiller Weiterzug."

So kommt in der modernen Physik — nachdem sie sich längst von den Sinnesqualitäten befreit hatte — die große Erkenntnis KANTS zur Geltung, daß Raum und Zeit nur Formen unserer Anschauung sind, ohne Gültigkeit für das Objektive.

(2) Während NEWTON nur Kausalgesetze kannte, nach denen Körper auf Körper wirken, treten hier neben die eigentlichen Kausalgesetze, welche lehren, wie das Feld durch die Materie erregt wird, Strukturgesetze, welche die Ausbreitung der Wirkungen im Felde betreffen. Nur relativ zu dieser Struktur können wir überhaupt die Materie kennzeichnen. Trotz der Selbständigkeit der Struktur ist es ganz gut zu verstehen, daß *ich* nicht anders als durch die Materie hindurch imstande bin, auf das Feld einzuwirken; denn Ich bin nicht Feld, sondern das, was aus einem Jenseits des Feldes über die inneren Feldsäume der Materie hinüber ins Feld hineinwirkt (vgl. den Abschn. IV des vorigen Aufsatzes).

(3) Es ist recht nützlich, diese Analogie genau durchzudenken. Wenn alle Wasserteilchen ganz gleichartig sind, so sind zwei Zustände des Seebeckens Z, Z', die dadurch auseinander hervorgehen, daß die Teilchen ihre Orte irgendwie untereinander vertauschen, jeder für sich betrachtet, durch nichts unterschieden. Nur nachdem man die Teilchen mit Nummern versehen hat, welche künstliche Unterschiede unter ihnen einführen und während der Bewegung an ihnen haften bleiben, kann man von zwei verschiedenen materiellen Zuständen sprechen. In Wahrheit ist aber nicht der einzelne materielle Zustand Z, die *Anordnung*, etwas Faßbares, sondern nur die Verschiebung des materiellen Zustandes $Z \to Z'$, die *Permutation*. Dem Prinzip vom zureichenden Grunde, sofern

es einen eindeutig bestimmten Gleichgewichtszustand verlangt, widerspricht es also nicht, daß der materielle Zustand des Seebeckens sich vom Morgen zum Abend verschoben haben kann. In der Newtonschen Physik war das Führungsfeld zerlegt in die homogene Galileische Trägheit (Ruhelage der Wasserteilchen) und die Gravitation (= Elongation). Daß unter allen möglichen derartigen Zerlegungen eine einzige den Vorzug der allein richtigen genießt, wird von EINSTEIN bestritten; aber damit steht es nicht im Widerspruch, wie aus unserer Analogie hervorgeht, daß mit dem Verschwinden der erregenden Materie das Führungsfeld in den homogenen Galileischen Zustand übergeht.